HONDA 明日への挑戦

ASIMOから小型ジェット機まで

瀬尾 央／道田宣和／生方 聡 著

二玄社

「HONDA 明日への挑戦」 目次

PART4
ホンダのR&D戦略　178

ブックデザイン＝安井朋美
写真＝小河原 認、小林 稔(p.132、157、161)
写真／図版提供＝本田技研工業株式会社

はじめに

ホンダを支える
チャレンジ・スピリット

■「ホンダイズム」とは何か

世界的に名を馳せる大企業の中で、誰もが「独創的」と評価する会社はいったいどれだけ存在するだろうか。たとえば、アップル社のマッキントッシュ・シリーズなど、企業としての思想がその製品のデザインや機能に滲み出ているかのように思わせるメーカーはそうはあるまい。その中で、日本の自動車メーカーを見れば、ホンダは他社から抜きん出て、個性に富んだ製品を世に送り出しているといえるだろう。

ホンダの企業としての在り方が言及される時、「ホンダイズム」というべき言葉をよく耳にする。〝イズム〟とは主義、主張などと解釈できるが、全体の真意は定義しにくいものだ。ひとつ言えるとすれば、この言葉は漠然とはしていても、他の業種で見られるような、いわゆるマーケティングによって意図して仕立て上げられたブランドイメージとは一線を画している。

では、ホンダの仕事の数々に表われている「ホンダイズム」の源とは何だろうか。これ

を解き明かすためには、ホンダで働く人々の声に耳を傾けるべきだろう。ホンダという企業を取材すると、そこで働く人々とホンダという企業の間に、強いつながりがあることを感じることが多い。そこで「ホンダイズム」という言葉を見つめ直すために、ホンダに身を置く人々が実現した、ホンダだから可能だったといえるような仕事に着目してみることにした。

ここで採り上げたテーマの多くは、ホンダの幹といえる二輪／四輪車の開発部門の仕事とは異なる。開発初期には限られた人数から始まり、過去から紆余曲折を経つつも連綿と取り組まれ続け、長い年月を経過してようやく製品化（実用化）に辿り着いたような、ホンダの将来を見据えた「異種業務」の開発ストーリーである。

なかでも、先の見えない基礎研究などにおいて、重責を担い、技術や製品に対して、揺るがぬ信念をもって「モノにすべく」取り組んできたホンダの人々の姿を追うことにした。これもよく耳にする、ホンダの「チャレンジ・スピリット」と表現される将来に向けた視野の広さが、ホンダの特徴だと考えたからである。

■将来に向けての礎

21世紀を迎えて10年が過ぎた今日、ホンダがこれまでどのように企業として歩んできたかを振り返れば、そこにはいかにも〝らしい〟足跡が見られる。

本田宗一郎という稀代の天才エンジニアと藤沢武夫という辣腕経営者によって創造されたホンダは、1948年の創業から60余年の歳月を経た現在に至っても、多くの人々の心を惹きつけるカリスマ的な魅力を備えた稀有な企業のひとつであり続けている。その歴史の中でも、企業規模の拡大とともに分岐点といえる時期が浮かび上がってくる。

たとえば、1980年代半ば、特に1986年はホンダにとって企業としてのひとつの節目といえる年であった。高級自動車ブランドとしてアキュラを北米市場(および香港)で立ち上げ、第二期Ｆ１グランプリ挑戦で初めてエンジン・サプライヤーとしてコンストラクタータイトル（ウィリアムズ・ホンダ）を獲得するなど、ホンダにとって輝きに満ちた年であったに違いない。

多くの大企業がバブル経済によって資金的な余裕をもつようになるなかで、ホンダは、この時期に企業活動の根幹ともいえる将来のモビリティ（日本語としては移動性などと捉えられる）の可能性を改めて模索し始めた。

その胎動の具体例といえるのが、この年に本田技術研究所の内部で和光研究センター（発足当時は公にされていなかった）、後に基礎技術研究センターと呼ばれる部門が生まれたことだ。

企業としての将来像を問われた時、ホンダはより広い視野をもって研究開発を実施することを目標に掲げ、果敢にそれまでの二輪／四輪製品の枠を超えた、将来技術の研究開発へと足を踏み入れることになったのである。

時代の要請といえる環境問題やエネルギー問題に加え、「ヒトに役立つものづくり」という課題に取り組むべく、ホンダは舵を切っていった。21世紀を遠く見据えながら、ホンダが企業として未来においてどうあるべきか、模索が始まった時代というべきだろう。

■技術の萌芽、そして結実

こうして1980年代に種がまかれた技術、そして1990〜2000年代という時代を経て芽生えた技術がやがて成長を遂げ、現在ではホンダの企業活動の一翼を担うまでに至ることになった。

ここでは、事の始まりが40年以上前に遡る小型ジェット機「ホンダジェット」とともに、四輪車のハイブリッドモデルや電気自動車といった、最先端のモビリティについて解説した。さらに、ホンダのイメージキャラクターといえるほど認知された二足歩行人間型ロボット「ASIMO」、脳と機械のコミュニケーションという最先端技術であるBMI(Brain Machine Interface)の開発の経緯を紹介。そして、東日本大震災後、再生可能エネルギーとして俄然注目を浴びるようになった太陽光発電システム、水素で走る燃料電池車を採り上げた。

このように、ホンダの過去、現在、未来を繋ぐ技術について、開発担当者や各事業を率いるトップ、ホンダの研究開発部門である本田技術研究所を率いる山本芳春社長の声を交えて紹介している。

ホンダは「ヒトに役立つものづくり」を企業理念として、自動車はもちろんのこと、製

造業として独自のイメージを創出してきた。創業以来長く受け継がれてきた、ホンダの人々のものづくりに対する熱意やこだわりはどこから生まれてくるものなのか。過去から続いてきた開発者の努力の末に、「総合モビリティ企業」と呼ぶに相応しい姿を獲得するに至ったホンダの企業としての〝生き様〟が、ここで採り上げたテーマを通じて垣間見られれば幸いである。なお、本書において敬称は省略することをお許しいただきたい。

（担当：編集部）

PART 1

移動を変える最新技術

ホンダジェット

天翔る
ホンダイズム

瀬尾 央/AIRWORKS

ホンダの創業者である本田宗一郎に繋がる夢の実現。２０１０年12月22日、彼らが創り出した小型ジェット機「ホンダジェット」の量産型初号機は、米国ノースカロライナ州にあるピードモントトライアッド国際空港を離陸し初飛行に成功した。続いて２０１１年３月11日には、高度３万フィート(約９１５０ｍ)で、最高巡航速度４２５ノット(約７８７㎞／ｈ)、マッハ数０・７２をそれぞれ記録し、主要な目標性能値のひとつをクリアすることで、最大離陸重量１万ポンド以下の小型ビジネスジェット機として他社を圧倒する性能であることを実証した。

ホンダは自動車業界においては世界有数の企業であるが、航空機事業に関しては新規参入である。商品としての航空機を販売していくにあたり、誰が見てもわかるような、他を圧倒する性能と商品性こそ大きなセールスポイントであろう。ホンダは航空機開発を始めて25年、どのような過程を経てここに至ったのか。ホンダジェットの開発・製造・販売を担当するＨＡＣＩ(ホンダ・エアクラフト・カンパニー)を率いる藤野道格(ふじの・みちまさ)社長兼ＣＥＯに話を聞くことにした。

N420HJ

HONDA

■ホンダを選んだ理由

大学で航空工学を学んだ藤野は、大学院に進むことなく就職することを選んだ。だが、選択したのは航空機メーカーではなく自動車メーカーのホンダである。

日本の航空機産業において、エンジニアにとって航空機を新規開発する機会がはたしてどれほどあるだろうか。飛行機をゼロから設計開発ができるような機会は30〜40年に1度しかない。技術者としてピークを迎えた時、自分の考えたコンセプトから開発そして販売まですべてを任せてもらえるような機会に巡り会える可能性は低い。新鋭機を作るといっても、欧米メーカーの機体の一部分を請け負う仕事やライセンス生産が主体で、結局は下請けのような仕事でしかないのではないか。開発をまかされる機会の多い自動車会社であれば、自分の力で切り拓けるような仕事ができるかもしれない。自動車メーカー各社を比較して、藤野はもっともチャンスがありそうなホンダを選択した。

藤野は配属の面接では車体の研究開発を希望した。「1984年に入社した当時のホンダの技術職はエンジン開発が本流でした。しかし、車体すなわちシャシー系で制御を適用するとか、車体全体のダイナミクスに興味があり、面接官に『絶対に車体の研究開発部署に行きたい』とアピールしました。ただその時面接官から『奇特な人ですね』と半ば呆れた表情で言われたことを今でも思い出します」

航空工学の分野は空力や構造など細分化されているが、藤野が専攻したのは飛行力学と制御工学であった。ちなみに卒論のテーマは、戦闘機がどういうマニューバー(機体の動き)をすれば最短時間で追跡ミサイルを振り切る可能性がもっとも高くなるかという最適制御のシミュレーションをテーマにしたものだった。

「航空機で研究した制御則は得意だし、車にも応用すればもっとレベルの高い車体設計などができるのではないかと考えていました。内燃機関の進歩は将来は限界に近づいていくと思っていましたし、逆に車体への制御則の応用はこれからだと感じていました」

藤野が配属された栃木の本田技術研究所第6研究室は車体の将来研究を行う部門で、ABS、4輪操舵、アクティブ・サスペンションなどが開発テーマであった。最初に手がけたのは、電動パワーステアリングの研究だった。優れたパワーアシストを得るにはどういう制御がよいか、あるいはモーターのアシストを行うにはどのような減速機がよいかなど、いろいろ試作品を組み込んで実際に走り込み、フィーリングを確かめたりした。

大学ではもの凄く理論を勉強しても、自分の手で回路のハンダ付けをすることなどはなかった。ホンダに入社後は、ギアを組むにしろ自分で組み立てさせられる。自分たちで車に搭載して、自分で衝突試験の準備なども行う。大学での研究とはギャップが大きく戸惑うこともあったが、後で思うと理論と現場というものを結ぶ経験はとても意味があった。

N420HA
HONDA

■飛行機を作るチャンス

いっぽう、当時のホンダの社内には常に先進的な技術を追求し続けていかなければホンダの将来がないのではないか、という危惧があったのかもしれない。川本信彦社長時代に、後にロボットのＡＳＩＭＯなどの先進技術を生み出すこととなる基礎技術研究センター（当時は和光研究センター、社内ではＨＧＦ、通称〝Ｆ研〟）が埼玉に設立された。

１９８６年３月に上司に呼ばれて和光を訪ねると「４月から飛行機をやるからＦ研に行ってくれ」と言われた。しかし「本音では、そもそもホンダでは飛行機は出来ないんじゃないかと思っていました。飛行機の技術分野は非常に深いし、精神論だけではとても出来ない。技術的なバックボーンが違いすぎる。自分自身をふり返っても飛行機の勉強をしたといえるのは大学の２〜２年半で、しかも理論だけ。理論だけでは飛行機は出来ない。もっと現実的に自分の力を活かせる場があるだろうと考えていました」

そこで藤野は「考えさせてください」と答えるしかなく、翌日にはもう少し車をやらしてほしいと言うと、上司は「上の人に会う機会があったら話しておくよ」と言った。ただその後、藤野は１週間くらい考えた。飛行機をまったくゼロから設計開発する機会はまずないが、ここに具体的な話としてある。今自分が手がけていることより、もっとチャレンジングじゃないのかな、と次第に少しずつ気持ちがぐらつきはじめた。ある日の夜８時頃、上司の家を訪ねた。「やっぱり飛行機、やろうかと思います」というと、「そんなこと、もう決まっているよ」という返事が待っていた。

■米国への留学

翌4月にF研に赴くと、大学で航空工学を学んだ8～10人の若手を中心とした社員が集められていた。しかし実際に機体の設計を手がけた者は誰ひとりいなかった。3ヵ月ほどすると、そのうちの5人が最先端の航空技術を勉強するという名目で、米国に派遣されることが決まった。行き先はミシシッピ州立大学のラスペット飛行研究所である。南部の小さな町にあり、メインストリートには信号が3つしかないような田舎町であった。英語は南部訛りが強く、人々とのコミュニケーションだけでも大変だった。

同研究所は飛行場の滑走路に隣接しており、ホームビルド機(自作機)のワークショップに少し毛が生えた程度のことをしているようだった。どこを見渡しても「最先端」といえるようなものは見当たらなかった。藤野はそのギャップに呆然とした。しかし、企業秘密としての航空機開発を行うにはうってつけの場所で、会社の上層部が全米中から探し出した適地であった。

ラスペット飛行研究所ではまず小型単発機であるビーチA－36ボナンザの主翼・尾翼

を複合材(コンポジット)化構造に置き換える研究が始まった。この機体は「MH－01」と呼ばれ、〝MH〟はミシシッピ・ホンダを意味している。これが藤野が飛行機というものに直接触れた最初の機体である。

大学で最先端の航空機制御技術を研究しても、運航会社の整備士や工場の作業員のように「触る」「作る」ということは一度もなかった。主翼と尾翼を複合材構造にするには、具体的にどうやってコンポジットのパーツを設計し、その部品を作り、空力荷重を決めて、構造設計するのか、どのように強度試験や飛行試験をするのか課題は多かった。特に最初の1年はヤスリで型を磨いたり、コンポジット部品を作るような仕事がほとんどであったという。

「まずは自分で型を削って作り、プリプレグ(炭素繊維に樹脂を含浸させたシート状のもの)をレイアップし、部品を作る作業をしました。図面通り型を作って成形したリブを型から外そうとすると、これが型から外れない。ノミで叩いても頑強に貼り付いたままなのでいろいろ考えました。型に穴を開けて隙間からエアを吹き込むとパコッて外れるとか」

具体的にパーツを作るとはどういうことか、現場で必要とされる様々な事柄を藤野は体感的に学んでいった。MH－01が完成すると、改造前後の重量、構造、飛行特性等の比較が行われた。これは航空機開発を習熟するうえでのベーシック・コースであった。

■内なる方向転換

次にＦ研ではゼロから機体を開発するプロジェクトを開始する。その機体について、当時40代だった上司は「ＣＲ－Ｘみたいな小型でパーソナルな飛行機を作れ」と言った。だが、そこで必要な技術水準には従来とはまったく次元の異なる先進性が要求された。与えられた条件は、キャビンサイズはＣＲ－Ｘの着座姿勢のシートを６つ並べたような６人乗り。主翼は前進角を持ち、カナード(先尾翼、尾翼が機体前方に位置する方式)の形態を採る。そして自動操縦や自動制御を用いた技術も採用する。構造にはすべてに複合材を使用、推進装置はＡＴＰ(アドバンスト・ターボプロップ)。上司は手書きのラフスケッチを描き、これをちゃんと飛ぶようにしろと言った。だが、それが無理の塊であるかのように難しい。当時の流行の最先端技術をすべて盛り込んだような機体だった。

「そのままの形では飛行できるようなものじゃない。技術内容を取捨選択して理論的に整理して説明しましたが、難しさやできないと説明すると、もの凄く怒られました」

たとえば、飛行機には静安定(機体に外乱が加えられた際に、その乱れに対する復元力を示すかどうかを見る安定性の基準)が必要である。重心に対し空力中心が後ろにないと、飛行機が外乱を受けた時、元の姿勢に戻らない。普通の飛行機では、静安定の後方視界はプラス５％～10％である。「飛ばないのなら、コンピューターで制御して飛べるようにし

たらどうだ」と上司は言ったが、上司がイメージする機体は、その静安定がマイナス30％にも及ぶものだった。それを説明し始めると非常に複雑な話になり、静安定と運動性を両立させることを理論的に理解してもらうのがかなり難しいことになった。

「あるとき、もうこれ以上理論だけで説明しても理解してもらえそうになかったので、上司に対し、今のＮＡＳＡの制御の研究でも負の静安定を満たしている最大限の値はマイナス20％ほどまでですと言ったのですが、その時初めて上司はその技術的難しさを感覚として理解してくれたようで、静かに『あのＮＡＳＡでもダメなのか』と言って、会議室から無言で立ち去りました」

沈黙して去っていく上司の背中全体にその落胆した気持ちがとても表れてい

て、それを見た藤野は、改めて彼のプロジェクトにかける強い思いを感じ取った。

「あれほどまでに、あの形態を実現したかったんだ。いい加減な気持ちなら人間はあんなにガッカリはしない。本当に真剣だったんだ。何とかしてあげなくては」

それからは、周りの同僚が上司を批判し続けても、自分だけは物理法則で切って捨てるのではなく、ここまでなら出来るというアプローチを心掛けて進めよう、そんな内なる方向転換を藤野は考えた。

■試験機「MH-02」での挑戦

MH-01のプロジェクトが終わるか終わらないかという1988年には、上司が描いたスケッチを「ここまでであれば具現化できる」という機体に仕上げた「MH-02」の詳細設計が始まった。実機を製作することとなり、開発研究の規模が大きくなるため、1989年にはラスペット飛行研究所の隣にホンダの研究棟が新たに建設された。

MH-02(28ページ上の写真)は最大離陸重量8000ポンド・クラスの6人乗り複合材製小型ビジネスジェットで、特異なスタイリングをした高翼配置の前進翼機だった。前進角は1／4翼弦で12度。当初スケッチに描かれていたカナード(先尾翼)形態はやめ、尾翼にはT型テール形態を採用する。エンジンは主翼の上に搭載されている。推力線(パワーの出力位置)が高く、特に低速飛行中に推力を加えたらノーズ(機首)が下がるような形態がどうして採用されたのだろう。

実はMH－02は当初、ホンダが独自開発したATPを搭載する予定であった。小さな直径のプロペラを二重反転で回転させる推進装置で、それをプッシャー配置(機体後方に推進部分を置く)にした形態で設計を進めていた。しかしながら、このATPの研究は技術的に困難すぎるとして開発方針が変更され、中止されてしまう。搭載予定のパワープラントを失い、既存のエンジンを採用するしかない状況に追い込まれたのだ。当時は、現在あるような小型軽量のターボファンエンジンはほとんど存在せず、当時適合しそうなエンジンはプラット&ホイットニー(以下P&W)のJT－15Dであったが、これは機体重量に対して、推力の割合や重量がかなり大きかった。

藤野はこのエンジンの配置について、考え得る限りのコンフィギュレーション(各機能部品の配置と構成)を検討した。機体と比較してかなり大きく、しかも重いJT－15Dの配置は、エンジンのサイズ、重心位置の許容範囲、グランドクリアランス、そしてジェットエンジンの後流とフラップの干渉などから、この翼の上にしかなかった。しかし、これが後に幸いする。この形態を成り立たせるために行った、空力、構造、空力弾性の技術的な検討を深めていく過程で、藤野がホンダジェットの独創的なエンジン配置を成立させる

N3079N

N420HA
HONDA

ための、いろいろな応用技術や設計手法を確立していくこととなったからである。

また、ＭＨ－02は世界初のオールコンポジット・ビジネスジェットで、すべての構造部材にカーボン繊維とエポキシ樹脂による複合材料を採用した。一般にカーボン複合材は通常のアルミ合金より軽く強度も高い。また金属のように腐食せず、3次曲面も作りやすいといったメリットもある。しかしハニカムサンドウィッチ構造では、製作工数を削減できて生産コストを下げられる反面、重量面でのアドバンテージは少ない。一体成型が可能であれば重量面でのメリットはあるが、複合材の部品成形ではかなりの技術を要する。

１９８６年より研究を開始したＭＨ－02（Ｎ３０７９Ｎ）は１９９２年に完成し、１９９3年3月5日に初飛行した。販売を前提にしない試験機であるから、カテゴリーは自作機と同様に〝ＥＸＰＥＲＩＭＥＮＴＡＬ〟である。その後、１７０時間におよぶ様々な飛行試験を行い、プロジェクトは１９９6年8月に終了した。

■強い逆風の中で

この頃、ホンダ本体の業績が悪化していた。最悪だったのは１９９4年で、バブル経済崩壊と円高、日米経済摩擦、顧客の嗜好がＲＶへ移っていくなかでのセダン重視など、問題が山積していた。当時の状況を顧みれば、ＭＨ－02の飛行試験が続けられたことが不思議なほどであり、社内での航空機開発に対する風当たりは強いものになっていた。その結果、ラスペットの研究施設は閉鎖され、米国での飛行機の研究拠点を失った。

「MH－02を作った時点では、自分なりには持てる技術を盛り込み、実際に飛ばして技術を学びましたが、商品化が前提でありませんでした。1995年頃ですが、上の人も研究の継続はかなり難しいという印象をもち、実際にチームの人数もぐっと減らされ、スタッフは様々な部署へ転籍していきました。飛行機をやめるなら四輪とか将来のキャリアの見えるところに行きたいというのは会社員として当然の希望かもしれません」

「私としては、10年飛行機の研究を続けてきて、ある程度技術に手応えを感じていて自分なりの商品化のイメージが出来ていたから、かなりいい飛行機が設計できるのではと思っていましたが、会社の状況を考えるとそのギャップが大きくてつらかったですね」

また、アメリカで続いた生活が、藤野に体感的に飛行機を捉える作用ももたらしていた。日本では東京一極集中で地方と東京が結ばれていればよいが、この国は広く、産業の拠点は分散しており地方都市間の移動には自家用機の必要性が高い。実際、藤野もビジネス機を使って仕事をする機会もあった。自動車であれば、設計の担当者は多くの場合、自分で車を使い、所有しているため、設計者はユーザーの視点から設計や開発にフィードバックできるはずだ。しかしビジネスジェット機となると、使ってみてどうかという実感

ための、いろいろな応用技術や設計手法を確立していくこととなったからである。

また、ＭＨ－02は世界初のオールコンポジット・ビジネスジェットで、すべての構造部材にカーボン繊維とエポキシ樹脂による複合材料を採用した。一般にカーボン複合材は通常のアルミ合金より軽く強度も高い。また金属のように腐食せず、３次曲面も作りやすいといったメリットもある。しかしハニカムサンドウィッチ構造では、製作工数を削減できて生産コストを下げられる反面、重量面でのアドバンテージは少ない。一体成型が可能であれば重量面でのメリットはあるが、複合材の部品成形ではかなりの技術を要する。

１９８６年より研究を開始したＭＨ－02（Ｎ３０７９Ｎ）は１９９２年に完成し、１９９３年3月5日に初飛行した。販売を前提にしない試験機であるから、カテゴリーは自作機と同様に〝ＥＸＰＥＲＩＭＥＮＴＡＬ〟である。その後、１７０時間におよぶ様々な飛行試験を行い、プロジェクトは１９９６年8月に終了した。

■強い逆風の中で

この頃、ホンダ本体の業績が悪化していた。最悪だったのは１９９４年で、バブル経済崩壊と円高、日米経済摩擦、顧客の嗜好がＲＶへ移っていくなかでのセダン重視など、問題が山積していた。当時の状況を顧みれば、ＭＨ－02の飛行試験が続けられたことが不思

はなかなか得にくい。特に日本の自動車技術者にアメリカにおける飛行機やビジネスジェットの必要性を体感的にわかってもらうことは難しく、トップへの説得が必要だった。

「あるとき当時の社長の川本信彦さんに、こうした技術を使えば、こういうビジネスジェット機は絶対将来可能性があると話をしたことがあります。すると、川本さんがそんなにやりたいのだったら、提案を経営会議に持ってくるように言いました。で、提案をまとめて発表したら、議論はあったのですが、結果として進めていいという結論が出て……また飛行機を研究開発する足がかりを得ました。そこまでは長いトンネルで大変でした」

最初の10年間はディテールをひとつずつ潰していくプロセスだった。実験を行っては理論を確認するという繰り返しを続けてきた。そしてこの時、藤野はホンダジェットのラフスケッチを初めて描いた。

「過去の実験結果、過去の成果という固定概念から抜け出さないと、画期的なものは出来ません。一度固定概念を捨て去って、はじめて本当の意味で上位概念からものを考えることができるようになりました。10年を経て、市場や顧客が必要とする飛行機はどういうものか、そしてあらゆる経験や技術に裏づけられたイメージから、本当の意味でこういう飛行機を作りたい、ということがわかってきたのです」

■常識を覆す「on the wing」

現在のホンダジェットは同クラスのライバル機に比較して、20％の低燃費をウリにしている。その達成に一番寄与した要素は何かと藤野に尋ねた。すると「空力です」という答えが返ってきた。

ビジネスジェットの市場調査をすると、広いキャビンを持つことが成功の鍵を握る要素であることが分かる。エンジンが胴体にリアマウントされる通常のビジネスジェットの形態よりも、エンジンを翼に配置した方が広いキャビンが得やすい。しかし翼下となると、

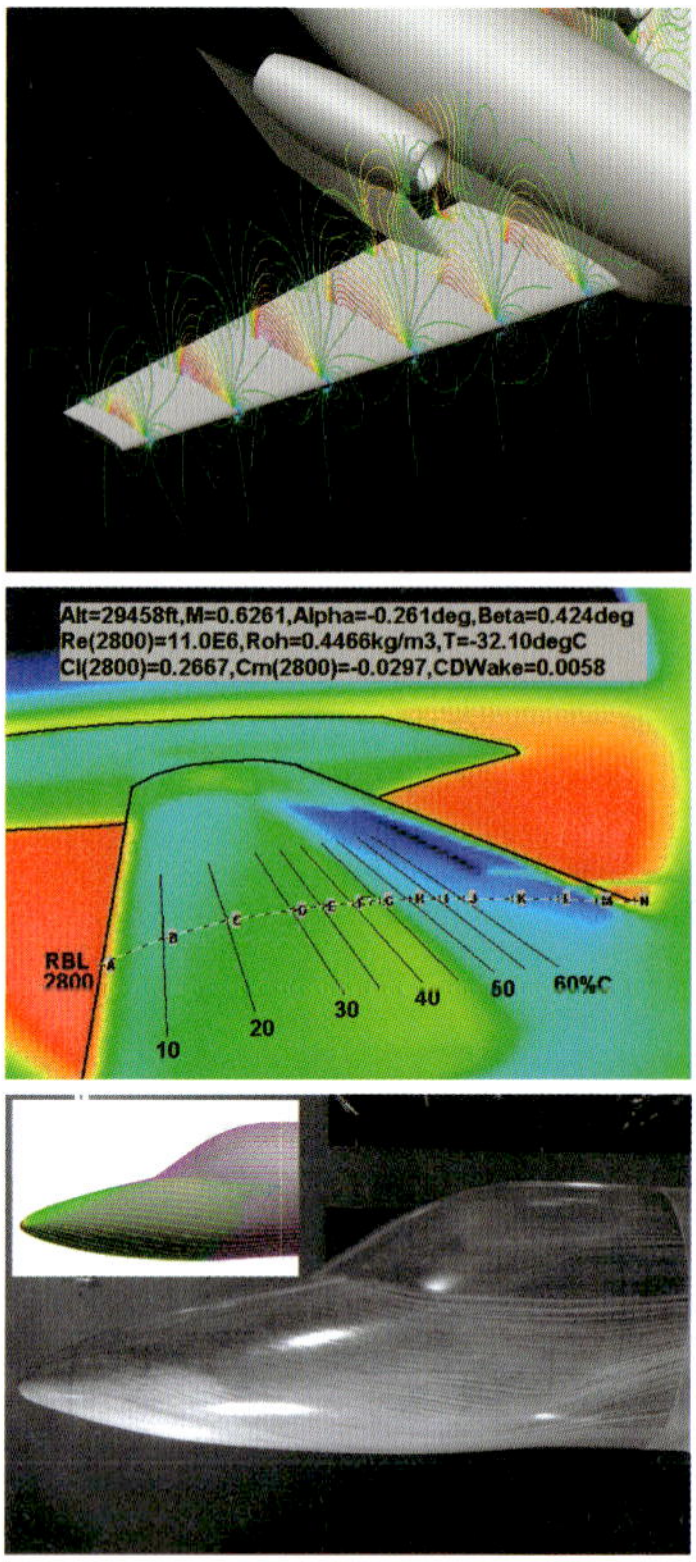

上：コンピューター解析による、ホンダジェットの主翼上面に配置されたエンジン周囲の圧力分布。中：赤外線によって主翼まわりの空気の温度分布を可視化。下：風洞試験において可視化された特徴的なノーズ部分の周りの流れ。

エンジンと地上とのクリアランスが不足する。では翼の上はどうか。多くの空力の専門家は、まず主翼の上のエンジン配置が高速時に大きな抵抗を生むことを懸念する。不適切な位置であれば揚力も失う。確かにMH－02も高速時には抵抗増や揚力減の傾向がなかったわけではない。とはいえ、MH－02はマッハ0・5の低速機だったから問題視されなかったのだが、マッハ約0・7と高速飛行するホンダジェットではそれは許されない。藤野たちは最新鋭のCFD(数値流体力学)を用い徹底的な分析を行った。

最初に基礎的な研究として、翼厚比10％の層流翼をもつモデルを用いて、主翼の上にエンジンナセル(エンジンを格納する筒状部分)を搭載した場合の最適値を求める研究を始めた。具体的には、エンジンナセルを持たない形態の機体を基準に、翼弦(主翼の前後方向の長さ)に対するナセルのリップ先端から主翼前縁までの距離の割合、主翼上面からナセル下端までの高さ、胴体からナセル内側までの間隔を設定し、これらを少しずつ変化させながら抵抗値や揚力値を見ていく。この研究から、翼前縁から約80％の位置にナセルのリップ先端が来ると、劇的に衝撃波による抵抗が下がる現象が現れた(翼上面からナセル下端の間隔はナセル自体の高さの50％、胴体との間隔はナセル自体の幅の72％、マッハ数は0・78)。ナセルを持たない低抵抗であるはずの素の翼では、遷音速(音速に近い速度)になると前縁から約70％の位置で衝撃波が生まれるが、ナセルのリップを主翼前縁から

75％～80％に置くと逆に衝撃波は弱まるのであった。弱点視されていた配置に、いわばスウィートスポットというべきアドバンテージを見つけたのである。

現在のホンダジェットをよく観察すると、エンジンを載せるパイロンも非常に凝った形状をしている。エンジンの中心軸はパイロンのセンターラインに載っているわけではないし、パイロン自体も単純な左右対称のものではなく、非対称の翼断面をもつような、いかにも〝ソフィスティケート〟という言葉が似合う形状になっている。それだけで熟慮を重ねたことがわかる。エンジンナセルとパイロンのスパン方向(翼幅方向)の位置は、クリーンな翼より失速特性を良好に変える効果があり、最大揚力はわずかだがむしろ向上しているという。翼表面の流速が音速に接近すると急激に抵抗は増えていくものだが、いかにその急激な造波抵抗の増加傾向を緩和できるかが課題となる。それが可能となると、生まれる機体は非常に高い高速巡航効率を得られる。ナセルの配置とパイロンの形状には、そうした秘密が隠されている。その後、様々な検討が加えられ、ボーイングやNASAの遷音速風洞においてこの理論を実証する風洞実験が行われた。

■得られた正しい評価

直接藤野の耳に入ったわけではないが、専門家ばかりのボーイングの技術者の中には

「この設計はまずいんじゃないの」と噂されていた。しかし、4週間に及ぶ風洞試験が進行し終盤となると、実験データが明らかになっていき、その評価は賞賛するものへガラリと変わっていたのであった。

「一番気にしていたのは、生半可な知識をもつ人から、ホンダは飛行機技術に対して無知だからこんな変なことをしていると批判を浴びることでした。これに対し個別に答えるわけにはいかないので、ホンダは正確な理論と実験に基づき研究していることを一般にも周知しないと、ホンダジェットを一般に発表したとき、ホンダの企業としての評価にダメージを与えることを懸念していました。ですから、実験データや理論に基づき、取れる特許は全部取得し、論文に書いて、世界で最も権威あるAIAA (American Institute of Aeronautics and Astronautics、米国航空宇宙学会)で発表したのです」

「最初AIAAに論文を出そうとした時は正直言ってためらっていたので、論文を書いてから提出するまでに約1年かかりました。しかし、論文を出さなければ何も起こらない。自分で確かめるところは全部確かめたし、実験データも出ているし、決意を固めて提出しました。すると論文の審査員から『これは航空機設計上重要な発見だ』と高い評価のコメントがあり、AIAAの論文誌にすぐ掲載されたのです。まったくネガティブなコメントはなく認められたので、学会ではきちんとした評価を得ることができました」

■自然層流翼の設計

機体の全体構成における空力も重要だが、翼型自体もまた性能を決する要素である。たとえば、水道の蛇口を静かにひねった時、とろっと流れている状態、すなわち流体の微小部分が互いに入り混じることなくすべり合いながら流れる状態を「層流」という。翼の表面に接する気流が、翼の後縁に向かって広範囲にわたって層流として流れてくれることが低抵抗となる。これは翼の断面型に左右される。

既知の層流翼型は数多くあるが、それぞれに特徴や傾向がある。前縁に虫や雨滴、氷などが付着した場合に予想外に揚力を失うもの、低速では極めて低抵抗ながら高速では抵抗が増えるもの、翼のピッチング(頭下げ)モーメントの大きいものなど、その機体が最大限に性能を発揮できる最適なものとなると新たに設計することが望ましい。

藤野たちはSHM－1と名付けた新たな翼型を発見した。層流が翼の前縁から45%まで保たれるものだ。一般に層流翼の圧力分布においては通常音速に近い領域では急激に抵抗が増すものだが、SHM－1翼はその時のマッハ数がかなり高く、頭下げモーメントが小さく、巡航時の効率をより良くすることが可能な低抵抗な自然層流翼型である。失速の特性も穏やかで、前縁の付着物に対する耐性も高い。また、最大翼厚は高速に耐える翼型としては翼弦の15%とかなり厚く、これにより翼桁高さが高く事項増重量を低減でき、同時に主翼内に搭載する燃料が増加することになった。

　翼型の試験には風洞が欠かせない。ホンダが航空機の開発を始めた時期には研究所に風洞はなく、自動車の屋根に大きな支柱を立て、その上にモデル(供試体)をつけて自動車のテストコースも走らせたという。ホンダジェットの開発が始まる頃は、栃木研究所には5×3・5mの大型の風洞が作られ、実寸の翼の供試体を持ち込み低速域での試験を行えるだけでなく、空力のみならず空力弾性などの試験も可能となっていた。遷音速域については、ONERA(フランス航空研究所)の遷音速風洞を用いて風洞試験が行われた。

　さらに、フルスケールのレイノルズ数、高マッハ時での特性試験を行うために、翼をホンダのSHM－1に改修したジェット練習機T－33を使い、実際に飛行試験も実施された。具体的には、金属外皮をもつオリジナルの翼に、ポリウレタン発泡剤を接着し、グラスファイバーの外皮でカバーした手法で主翼全体をSHM－1翼型にするというものだ。

　興味深い試験方法にT－33の後席に搭載されたIR(赤外線)カメラによる可視化試験がある。改修された主翼は表面が黒く塗装されており、飛行中の翼前縁から後縁にかけての温度変化を色分けしてビジュアルでとらえる。すると、層流域にある前縁から45％辺りまでは温度変化は小さく、流れが乱れ始めるところで急激に低温化し、後縁に向かってさらに低温化している。また、ホンダジェットの胴体の機首形状は、やや下に膨らみのある独特なものだ。ここにも自然層流のコンセプトが反映されている。

■カーボン胴体とエンジン

MH－02と異なり、ホンダジェットでは胴体構造のみがカーボン複合材製となった(主翼は金属製)。それはMH－02の経験もふまえ、量産機としてのコストや重量などをトータルに検討し決定されたものだ。胴体の複合材使用については、ノーズなどの三次元曲面にはハニカム・サンドイッチパネル構造が、ストレートな胴体中央部には強化パネル構造が使い分けて採用され、それを一体成型する新しい様式が開発された。

ホンダは機体の開発研究が始まった1986年に、並行して小型ジェットエンジンの開発もスタートさせている。しかしそれはMH－02には間に合わず1999年にHF118エンジンが誕生した。機体のプロジェクトが頓挫しそうになる中でも、研究は継続されていた。そこでホンダではまずエンジンの事業化が決まった。エンジンを機体メーカーに販売する、F1チームにエンジンを供給するようなビジネスを見ていたのである。

小型のビジネスジェットが必要とするクラスの推力を持つエンジンは数が少なかった。P&Wか巡航ミサイル用のものを作るウィリアムズリサーチの他に見当たらない。P&Wと並ぶGEは、このクラスのエンジンを持っておらず、ビジネス・パートナーとして協力

できる部分が非常に大きい。航空業界は参入障壁が非常に高く航空機用タービンエンジンを事業化するには大きな困難が予測される。そこで２００４年夏にＧＥと提携するという方針が決定された。事業化に関してはＧＥとの合弁で、開発も50／50、認定も50／50、生産もジョイントベンチャーで行うというものだった。なお、量産型ホンダジェットには、さらに改良され推力を増したＨＦ－１２０型が搭載されている。

■辿り着いたひとつの終着点

２００３年12月3日、ホンダジェット試作機（Ｎ４２０ＨＡ）は初飛行に成功した。その時に得られた感覚を藤野はこう語る。

「初飛行は嬉しいけれど、本当に疲れてい

たんですね。たいがい飛ぶ前って何か起こりがちで、その対策で寝る暇なく仕事してこぎ着けた感じでした。飛行中はテレメーターに目を光らせているし、緊張の連続です。早く帰って寝たいというのが本音でした」

「感情的に一番嬉しく感じたのは初飛行する前、試作機が格納庫から初めて出た日です。外部に機密が漏れないように一切の機能試験を格納庫内で済ませ、大丈夫だとなって地上試験をするために屋外に初めて機体を出したときでした。朝日に輝くブルーの塗装を見たときは鳥肌が立ちましたね。エンジンをかけ、自走で8の字を描くステアリング試験をしているのを見ていると、まるで飛行機が自分の意志で走っているかのようでした。自分が育てたフィギュアスケートの選手が8の字を描いているような感動がありましたね」

しかし、試作機が飛んだといっても、社内の雰囲気は望むようなものではなかった。

2001年頃から航空機プロジェクトは中止するべきではという話が出ていた。

「航空機事業は簡単なものじゃない。性能が出ても、本当に日本の自動車会社であるホンダの飛行機を買う人はいるのか、生産工場やメインテナンス・サービスをどうするのかなど、技術で勝っていても事業化となると難しい、これらの意見は今聞けば常識的な判断でしょう。それに対し、飛ばすまでは絶対にやるべきだと主張したのは研究所所長の福井威夫さんです(2003年に本田技研工業社長に就任)。正直、諦めかけたことが何回かありましたが、途中で止めてしまえば意味がない。もし会社を辞めるにしても、このホンダジェットの研究成果が出るまで最後までやろうと思いました。でも同時にホンダジェットが初飛行したらこの研究も終了だろうと上司も言い、初飛行した時点でもうこれで終わりかなと思っていたので、必ずしも割り切れる気持ちではありませんでした」

■オシュコシュでの反響

藤野は仕事に疲れ果てていたこともあり、初飛行の後3週間の休暇をとって家族とバハマのビーチリゾートを訪れた。そこで得難い経験をすることになった。

「ある日、朝食を食べていたら隣の人が話しかけてきました。ビジネスジェットのサイテーションⅡを自家用機にしていて、それで飛んで来た方でした。話の中で、君は何を仕事にしているのかと聞かれ、ホンダでジェット機を研究していると話すと、ホンダジェットのことを知っていて、いつ売るんだ、私はぜひ買いたい。販売開始となったらその時は必ず教えてほしい。そんな話になったんです。とても嬉しかったですね。具体的な購入希望者に最初に出会った機会でした。それでまた少し気力が沸いてきて、もう少しだけがんばって会社を説得してみようという気になったのです。説得するには、事業化するなんていうと承認されるはずはありませんから、実験機の祭典であるオシュコシュ・エアショーにホンダジェットをホンダの実験機として展示させてください、こういう技術の実験機で、こうした研究成果が出ました、という発表だけはさせてほしいとお願いしました」

米国にはＥＡＡ(Experimental Aircraft Association)という実験機の組織があり、毎年夏ウィスコンシン州の大学町であるオシュコシュで大規模な〝ＦＬＹ ＩＮ〟が行われる。そこに集まる航空機は、会員が製作した自作機、戦前のアンティーク機、戦後の5年間に製造されたクラシック機、第二次大戦期の戦闘機など、あらゆる飛行機が２０００機以上展示され、デモ飛行を行う。そしてこれを見に来る人々は世界から70万人を超える。

「オシュコシュは本当の飛行機好きが集まるイベントで、飛行機のグラスルート(草の根)イベントと呼ばれています。そのオシュコシュにホンダジェットが飛行して着陸してきたときの反響はもの凄かった。会場にホンダジェットが来たというアナウンスがあると、会場のメイン・スクエアに１０００人を超える人たちが集まってきて、ホンダジェットが入ってくると、大波のような人垣がモーゼの十戒の1シーンのようにふたつに分かれ、その間を機体がタクシーをして停止したら、もう機体が見えないくらいに人々に取り囲まれてしまいました。人間が発する圧力というかエネルギーを肌で感じました。そこで『これがホンダジェットです』と紹介したら、みんな話しかけてきてくれて、こんな美しい飛行機見たことないとか、ぜひ欲しいなどと言うのを聞いて、私も大変興奮していました。このオシュコシュには元社長の川本信彦さんやアメリカン・ホンダの社長である雨宮高一さん、その他大勢のホンダＯＢが来ていて、そのエキサイトメントを実感してくれました。そのようなことで、その後社内の雰囲気も少しずつですが変わってきました」

■社長の独り言

その後、２００６年３月に、ＨＡＣＩは販売やサービス、工場など、具体的な事業を行うための骨格となるビジネスプランを策定し、藤野にとって『これが最後のチャンスかな』という思いで当時の福井社長への最終的な報告を行った。

「私の説明が終わると、福井さんにはしばらく沈黙の時間がありました。私にとっては５分はあったような感じでした。もしかしたら実際の時間は１分か２分かだったのでしょうけれど、とても長く感じられました。福井さんは深く考えた後『やっぱりホンダはパーソナル・モビリティの会社なんだよな。それを追求していく会社なんだよな』と、どこか独り言のように、自分に言い聞かせるように、ポツリとおっしゃったんです。しかし、一瞬信じられなかったので、言われた時は状況がよくわからないほどでした。あんなに期待して望んだことですが、本当に進めてよいと言ったのか信じられず、会議室から出た後、隣にいた人に『福井さん、ＯＫって言ったんですよね』と確かめたほどでした」

すぐさま藤野はアメリカのサービス体制の具体的な確立に動いた。同年7月のオシコシのイベントでついにホンダジェットの事業化を発表、続く10月のNBAA(National Business Aviation Association、全米ビジネス航空協会)コンベンションで販売を開始したが、その反響の大きさに驚いたという。

「社内の報告で1年目の受注目標を40機にする話をしたときには『そんなの無理だろ』という反応がありました。私も高いハードルかなと思っていましたが、それまでの市場調査などから、これくらいないと成功は望めないと思ったのです。ですが、NBAAで記者会見を行って受注の開始を説明した際に1000人を超える人々が集まり、ホンダジェットを購入するためのデポジット契約(価格は標準仕様で365万ドル)を待つ人々が列をなして並んでいる。近くにいた人に『パンケーキが売れるみたいだね』と言われて。最初の一日で100機以上の受注を受けました。さらに驚いたことに、昼頃に突然後ろから『フジノさん!』と呼ばれて振り向くと、なんとバハマで会った人が来てくれて『あのとき買うと言っただろ、覚えているかい』と。この出来事は本当に嬉しかった。NBAAでの成功が業界でもホンダジェットは凄いという評判となり、サプライヤーの態度もそれ以降一変しました。ホンダと仕事をしたいという企業も増えましたし、商談で訪問する場合もホンダを最優先して、他に約束があってもキャンセルして会ってくれるほどでした」

だが、この先には航空機特有の認定というハードルがある。試作機であれば、社内試験などで安全性を立証し、性能を実証できる。しかし、量産機として販売するにはFAA（Federal Aviation Administration、連邦航空局）による型式認定が必要となる。

「FAAの型式認定を受けるためには設計段階からFAAの関与が必要となります。たとえば材料から図面、部品の受け入れ検査などすべてに対してFAAの承認が必要です。その部品を機体に組み込むときにもFAAが検査します。アセンブリー図面との照合など、すべてFAAの管理下で行わなくてはいけないのです。ですから認定に対する知識や経験がないと認定作業自体やFAAとの折衝を進められません」

■リーダーとしての役割

こうしてホンダジェットを実現させた藤野だが、飛行機の設計では「リーダーであるチーフエンジニアの決断と判断」が重要だという。

「たとえばボーイング747のような大型機でも、基本的にはリーダーであるチーフエンジニアのOKがでないと、ボルト1本の決定もしてはいけないほどだったといわれています。そのためにチーフエンジニアは、ジェネラリストでなく、少なくとも専門分野が3つ4つはあるような、マルチ・スペシャリストといえるような知識が必要だと思います。全体を理解していないと飛行機の設計をまとめてはいけません。それには大変な勉強や経験が必要です。チーフエンジニアの高い技術力、判断能力が非常に重要なのです。飛行機は、ひとつの設計方針、ひとつの価値観、そしてひとつのスタンダードでまとめていくものです。チーフエンジニアが自分の知識と意志で最終判断をするべきだと思います」

また藤野は理論だけでなく、飛行機を設計する上での経験の重要性を強調する。

「機体をゼロから設計するとなれば、いろいろな設計パラメーター（設計諸元）を何もないところからひとつひとつ決めていかなければならない。大学の航空学科を出ていれば、設計理論や手法を学んでいるから紙の上では設計はできる。しかし、それが実機として実際に成り立つかどうかは、実際に飛行機をつくるという経験が大きくものをいう。これが飛行機設計のむずかしいところなんです。これは小型機でも、大型機でも同じです。機体の各種の特性の見積りは、理論的な手法だけでなく、実データに基づく統計的な手法や経験則を加えて、一番適切で、一番確率が高いような形、諸元を決めていきます。またさらに運用における各種の条件、たとえば、腐食、疲労、実用耐久性、整備性に至るまで、必要な技術も多岐にわたり、豊富な経験がないときちんとした飛行機としてはまとまりません。ですから経験に裏付けられた適切な判断ができないといけません」

HACIを率いるうえで、エンジニアと経営者の立場がある藤野だが、両者の資質は共通するものだろうか。「ホンダは夢でやっているから何でもいい、というわけにはいきません」と藤野は話す。

「ある意味、私はいま会社を設計しているという考え方で進めています。飛行機設計においては目標に対して、システムを全体像として捉え、各種のファンクションを統合してベストにするというシステム工学的な考え方が必要です。私は同様に、会社の掲げる目標に対して各部署が持つ機能を最大限活かせるように、それぞれの部署をユニットのように設計する。ただ、会社は全社員がトップの考えを理解していないと、まとまって動いていかないという側面もあります。ですから自分の考えや方向性をいかにかみ砕いて全員に伝えていくか、そしていかに個々のモチベーションを高めて能力を発揮させるかといった面も大切で、単に機械の設計のようにはいかないのでもちろん配慮は必要です。そして一番重要なのは、会社のトップはプロダクトそのものに精通していて、どういうものを顧客が欲しているかを的確に掴み、そういうものを常に生み出すこと。そして商品を売る上では、商品に魅力があり、コストを満たし、品質の良いものを作り、販売によって確実に利益を出し、アフターサービスをきちんと行うことです。そういう製造業を行う上での常識と、挑戦する心と自制する心を同時に持って仕事をすることではないでしょうか」

２０１２年から「ホンダジェット」は年産約１００機の計画だという。航空機メーカーとして、単一機種しかないのは弱く、将来的には太平洋横断も可能な大型機もラインナップされるだろうが、個人的な思いとしては最低限の「パーソナル・モビリティ」ツールとして、カブに相当する１００馬力クラスの小型機の登場も期待したい。ＡＳＩＭＯなどで実証されたセンサー技術・制御技術を安価に提供できれば、滑走路中央の白線を機体自体が認識し、高度２ｍ以下の微妙な高度判定を認識し、それを操縦系に伝えることにより、機体が自動的に着陸してくれる、といったこともできるはずである。誰もが容易に、安全に、空を飛ぶ楽しさと有用性を実感できる機体。航空のありようを革新的な技術が変えていく、そんな夢を現実に見てみたいものである。

フィット・ハイブリッドの位置づけ

ベストセラーカーとハイブリッドの関係

ベストセラーというものは時として、作り手の意図や狙いとは無関係に、マーケットが自然に生み出すことがある。ホンダのコンパクトカーであるフィットは、あくまで噂だが、ホンダ自身も予想しなかったヒット作だった〝らしい〟。小型車は市場での競争が激しく、造り手にとってクリアすべき難しい課題が山ほど立ちはだかっている。デザインも保守的に収める例が多く、突出したキャラクターを与えづらいため、他を圧倒するような大ヒット商品は生まれにくいものだ。その中で近年ではフィットが成功したのは珍しい例といえる。ハイブリッドカーの免税措置の後押しを受けて販売台数トップの座に君臨し続けたプリウスに対して一歩も引かず、その座を争い続けているフィットは、開発したエンジニアの意気込みがマーケットに明確に伝わったモデルかもしれない。

「クルマを開発するうえでの評価の中で、もちろんビジネス面の話は厳しく判断されますが、そもそもその商品がお客様にどのような価値を与えているか、それがまず最初にあります。それからビジネスの話をしようということです。ビジネスがこうだからこうしようというのは聞くに値しない、意味がないと思っています」

株式会社本田技術研究所四輪R&DセンターでフィットのLPL(ラージ・プロジェクト・リーダー)を務める人見康平(ひとみ・こうへい)主任研究員はこう語る。

このように販売台数のトップを争うようになったフィットの2代目は2007年に発表され、2010年10月にはスタイリングや装備を改良した、いわゆる〝ビッグ・マイナーチェンジ〟を実施した。その際にラインナップに追加されたのが、フィット・ハイブリッドだ。ベストセラーカーにハイブリッド仕様を加えるとは、まさに鬼に金棒といえる。

だが、コンパクトカーでハイブリッド・モデルを作ることは、バッテリー／モーターなどのハイブリッド用システムの追加によってコストが上昇することを考えれば価格面での影響は大きく、バッテリーの搭載方法など物理的な制約もあって、実現するのはそう簡単な話ではない。しかし、1999年に初代インサイトが登場してから、すでに10年以上経過した現在、ホンダにとって、もはやハイブリッドは特別なものではなくなり始めていることも、フィットのハイブリッド採用にとって追い風といえそうだ。

■高級ともいえる仕立て

では、標準モデルとハイブリッドではどこが違うのだろう。フィット・ハイブリッドを試乗した印象からまとめておこう。

品川501
ほ 48-22

ホンダが仕掛けるハイブリッド・モデルの拡大路線は、このフィット・ハイブリッド(右頁下はワゴンタイプの"シャトル")で、ひと区切りを迎えている。

フィットがもつ基本的な素性の良さに加え、フィット・ハイブリッドはいかにもハイブリッドらしい、荷室床下へ走行用電池を搭載したことによる重心の低さがもたらす安定感が際だっている。重厚ともいえる乗り心地の良さは、軽快さが信条のフィットでは人によっては違和感さえ覚えるかもしれないが、フィットのラインナップの中で最高価格モデル(シャトルを除く)であることを考えれば、この仕立て方も充分〝アリ〟といえるだろう。

街中で室内が標準モデルよりも静かに感じるのは、ハイブリッドカーでは共通する。その印象の多くの部分がアイドリング・ストップの効果に依っているのだ。小型車では静粛性は二の次となるものだが(重量増加などを考慮すると、遮音/制音材は小型車では贅沢品だ)、フィット・ハイブリッドでは室内の快適性の点でもコンパクトカーらしからぬ質の高さを感じる。

いっぽうで走りは、モーターによるアシストが加わっても、体感するパワーは露骨に速さを感じさせるものではなく、低速からのパワーの立ち上がりの滑らかさが目立つ。モーターのセッティングによっては、もっとスポーティに感じさせることもできるのだろうが、それはスポーティ・グレードのRSが担うべきだと割り切っているのだろう。

周囲が静かであれば、減速時の回生ブレーキが作動した際や、アクセルペダルを踏み込んでモーターをエンジンが助けるように加速させようとする時には、かすかな甲高い金属音が耳に入ってくる。もちろん、耳障りなものではなく、自分がハイブリッド車に乗っていることが実感できるといった範囲に留まっている。

ハイブリッドであっても踏めばそれほどに燃費は落ちていくのは当然の話。短い距離ながら、街中と高速を走らせると、どうやらリッター当たり15～20㎞の間で燃費は落ち着いており、ドライバーの走らせ方によって影響されるとはいえ、コンパクトカーとしては充分優秀なレベルといえるだろう。

■進んだ環境への意識

ホンダが誇るハイブリッド・システムであるＩＭＡ(Integrated Motor Assist)システムは、インサイト(1・3リッター直4エンジン搭載)、ＣＲ－Ｚ(1・5リッター直4エンジン搭載)、そして、フィット(シャトル)ハイブリッドへと採用されてきた。

それでは現状のフィットでは、ハイブリッド・モデルはどのような位置づけになっているのだろうか。フィット・ハイブリッド導入のいきさつについて、人見に訊ねてみた。ちなみに、2代目のフルチェンジから今回のビッグマイナーチェンジまで引き続きＬＰＬを務めるというのはホンダではあまり例がないそうだ。

「今回のマイナーチェンジでも、前のモデルから同じスタッフが引き続き関わっています。会社としてベーシックカーの看板車種としてしっかりと開発していることを明確に打ち出したいということでしょう。ハイブリッド・モデルの採用も今回のフィットのビッグマイナーチェンジの重要な変更点といえるので、大事に育てていきたいですね」

「フィットのラインナップの中で、〝エコなクルマ〟と〝エコではないクルマ〟というように、上下に分かれてしまわないようにしたかった。だから、ハイブリッドだけでなくスポーティなRSグレードも用意しました。厚いラインナップを形成して、幅をもたせる。車種構成に厚みがあるから興味をもって買ってもらえるのです。フィットの車種構成できっちりとしたフォーメーションを組んだうえで、ハイブリッド・モデルでは、フィット・ハイブリッドの先にはインサイト、CR－Zがあることで、ハイブリッドカーでも楽しくクルマ選びができるようにしたというわけです」

コンパクトカーとしてのハイブリッド・モデルで開発が難しい点として挙げられるのは先にも触れたとおり、コスト、パッケージング、燃費性能など、いろいろ要素が関わってくることだが、どれが重要といえるだろうか。

「やはり、一番大きいのは燃費でしょうね。燃費の向上は少しお金をかけなければできませんでした。ボディ下にアンダーカバーを採用したり、専用タイヤを開発するなど、決して安い開発費ではありませんでしたし、お客様に価格の面でそれなりの負担を掛けなければリッター30㎞という燃費には到達しえなかったのです。莫大な金額ではないですが、小型車では1円単位どころか何銭単位でコストを計算していますから」

フィットでの販売比率は、ハイブリッド：ベースモデルで発売当初は7：3とされ、最終的には6：4から5：5まで推移していくと予想されていたが、受注がハイブリッドだけで1万台に達し、その後もハイブリッド比率は高く推移しているという。

「本当は嬉しいんですが、ベースの良さも見てもらいたいですね、理想的なのは、ハイブリッドが4、ベースモデルが6ぐらいでしょうか」

フィット・ハイブリッドの購入者の心理として、価格がそこそこ高くても、環境に優しいクルマを指向する傾向にあるのだろうか。

「ハイブリッドを買っていただけるお客様は比較的環境について考えています。想像していたよりも販売台数が伸びていますし、若いひとのなかでも自分の子どもがまだ小さい方は、お子さんの将来のことを考えていますね。変わったなと思います。価格で20～30万円の差があっても、元がとれるとれないといった話ではなくて、CO_2の削減など、環境によいことをしているという意識がある。われわれが考える以上に購入する際にユーザーは環境を意識しているのではないでしょうか。特に都市部のユーザーが牽引している部分もあります」

■ハイブリッドの立ち位置

リッター30・0km（10・15モード）という燃費は、ハイブリッド専用車であるインサイトと同じ値だ。これは意図して実現された数値だという。前述のように、小型車をハイブリッド化するには、様々な面で壁が立ちはだかったことは容易に想像される。

「確かに厳しかったですね。ボディそのものが小さく、車重が軽いので、基本的にインサイトと同様のシステムを搭載するのであれば、よい燃費が簡単に出せると思っていたのですが、意外によい数値が出ませんでした。もちろんモーターを大型化したり、電池の容量を増やしたりすれば、燃費は向上するでしょうが、フィットの良さがなくなってしまっては意味がありません。何を作ろうとしているのかが曖昧になって、どんどん全体のイメージがプリウスなどのハイブリッド専用車に近づいてしまう。燃費と値段だけの話をすれば、街中を中心に走るクルマが重くなって値段が高くなってしまうと、存在意義がよくわからなくなってしまう。結局なんだかプリウスと同じような、ハイブリッドに特化した特殊なクルマになってしまう。そうならないように仕立てなければなりませんでした。インサイトと同じリッター30kmという数字をターゲットにしましたが、燃費を1kmでも2kmでも延ばすことはできるかもしれません。けれども、それによって失うようなものがあれば意味がありません。ハイブリッドであってもフィットに相応しくないクルマが出来上がってしまうのです」

具体的なフィットのハイブリッド・システムの中身を見ると、インサイトとスペック、たとえば電池の搭載量は共通となっているとはいえ、インサイトとは当然ながらボディ形状や車重が異なるので、ハイブリッド機能を有効に使えるように、コントロールユニットの配置や冷却ダクトの取り回しを変えている。制御についても、主な走行速度域になる50㎞／h以下では、走行抵抗が少ないので街中を走るのに適した制御方法に変えて、燃費向上を狙ったセッティングに味付けしたという。

「長いスパンで考えると、フィットでは2007年に発表した時点からハイブリッド・システムを搭載できるように準備はしていました。ですが、その当時では、ハイブリッドは価格面などでまだ市民権を得るまでには至っていませんでした。一度見送った後、プリウスやインサイトが普及したこともあって、マーケットではスモールカーなどの好きな車でハイブリッド車が選べないことが不満点として出てきて、バリエーションを増やすことが課題として上がって来ました。加えて、会社の考え方として一番売れているモデルにCO_2の削減対策を施すのは自動車メーカーの責務と考えたわけです。当初の販売計画では発表時期よりも少し遅く設定していましたが、補助金制度とは関係なくハイブリッド搭載車の導入を早めようということになりました」

フィットの開発全体を見る立場として、1・3リッター、1・3リッター・ハイブリッド、1・5リッターのRSも見ていて、各モデルで重視すべき〝ストライクゾーン〟を満遍なく見通す必要があることでは苦労が多かったのではないか。

「ベースのクルマはスタッフすべてが協力して、望むべき性能を検討します。スポーティな1・5リッターのRSなどは好きな人間が多くいるから、方向性が決まっていて、黙っていても事が進んでいってしまう。むしろ、コントロールしないと行きすぎてしまって、フィットのコンセプトから外れてしまうようなことがあって(笑)。RSはスイフトスポーツやタイプRのような、本格的なスポーツモデルではありません。みんなが作りたいのはわかりますが、それはフィットじゃない。たとえばインテグラなどでは、モデル全体を引っ張るモデルが必要でしたが、そういうクルマはフィットには要らない。基本的に、普通に安心して楽しく乗れればいいわけです。いっぽう、ハイブリッドはお手本としてインサイトやプリウスなどがあるので、進むべき方向性が決まっている。スモールカーとして、コストと性能を見極めて、どこまで他のモデルについて行けるかを見定めればよかった。フィットでは、ユーザーに適したモデルをそれぞれ仕上げていきましたから、全体としてまとまっていると思います」

■世界で売れるコンパクトカー作り

フィットはなんといってもグローバルカーといえるモデルである。国内販売累計で150万台、世界市場での実績では累計350万台を販売しているヒットモデルだけあって、世界各国の市場のニーズを汲み上げなければならなかった。

「欧米や中国、インドなどの市場に出しますが、それぞれの地域で使い方が明らかに異なり、乗る人種、道路の交通事情、発売時期によっても捉えられ方が違います。実は米国仕様では1・5リッター・モデルしかなく、ボディもフロント部分が長いのです。アメリカではボディを小さく作る必要はありませんから。基本的な部分で燃費の良さは必要でも、加速が鈍いなど、走りが悪かったりすれば受け容れられません。燃費はそこそこでも、気持ちょく走ることが重要になるのです。対して、欧州では燃費が非常に重要です。他の西アジアなど裕福な国の市場では、セカンドカーとして、値段が高そうに見えることも大切です。すなわち、世界各極のそれぞれの拠点がフィットを地域で変えて作らなければなりません。現状では、日本と欧州の市場ではハイブリッドがトップモデルといえる位置づけです。アメリカでもハイブリッド・モデルは受け容れられるでしょうが、インサイトとフィット・ハイブリッドではハイブリッドカーとしてのポジションの差が大きくはならないので、2車種を同時には受け容れないでしょう。もちろん、たとえばアジア諸国ではモデルの華として入れたいという要望はありますし、世界各国の市場である程度の台数は見込めるとは思っています」

なかでもホンダは世界第2の市場である中国を、ハイブリッドの将来の市場として意識せざるをえないだろう。彼らはハイブリッドの今後の中国での市場展開をどのように考えているのだろうか。

「シビックでハイブリッド・モデルを販売していますが、年間250〜500台程度で推移しています。2011年4月の上海モーターショーで発表しましたが、2012年にはインサイトを東風ホンダ(中国での合弁企業)から、CR－Zとフィット・ハイブリッドを日本から輸出することが決定しました。中国ではまだ上昇志向が強くて、少しでも大きく見栄えのするクルマが人気が高いので、その中ではハイブリッドは少数派でしょうが、個性のあるＣＲ－Ｚは販売しやすいかもしれませんね」

いっぽうで世界の市場を見ると、小型車のハイブリッドはほとんど存在しない欧州では、フィット・ハイブリッドはどのようなモデルとして捉えられているのだろうか。それについて人見は、日本とは使われ方が異なることを考慮すべきだという。

「欧州では高速道や郊外の道を走ることが多いので、小型車でもディーゼル車が販売の中心です。マニュアル・トランスミッションがヨーロッパでは主流ですが、長距離を乗られるかたが多いこともあって、高速道路ではディーゼルの燃費のよさが有利に働きます。対してハイブリッドは、街中で加減速の割合が増えている場合は有利とはいえ、欧州の現地では使われ方がディーゼルが適している。ハイブリッドの性能を上げていけば、ディーゼル車に迫ることは可能ですが、現状ではプリウスやインサイトも含めて、ジャズ（フィットの欧州名）でハイブリッドを出すとしても台数は限られていますね」

ちなみに欧州市場では、アイドリング・ストップ機構の採用が確実に進みつつあるが、ジャズのトップモデルの位置づけとしてハイブリッドが存在するともいえるだろう。

「ジャズそのものも、小型車としては少し変わった、毛色が違うモデルとして捉えられています。背は高いが全体は小さいというスタイリングも異端といえ、コンパクトカーの中では値段が高いこともあってプレミアムな感覚で捉えられています。当然ながら欧州と日本とでは考え方や文化が違うので、メインにはなりにくいのが難しいところですね」

■どこまで〝ゴム〟を伸ばせるか

　ホンダのブランドイメージは、モータースポーツに由来するスポーティさなど、他の日本メーカーとは異質といえる独特な特徴をもっている。フィットにおいてホンダの製品として意識して開発された部分があるとすれば、どのような要素だろうか。

「たとえば、フィットは機能を小さくして人のためのスペースを大きく採るという、ホンダの〝MM（マン・マキシマム－メカ・

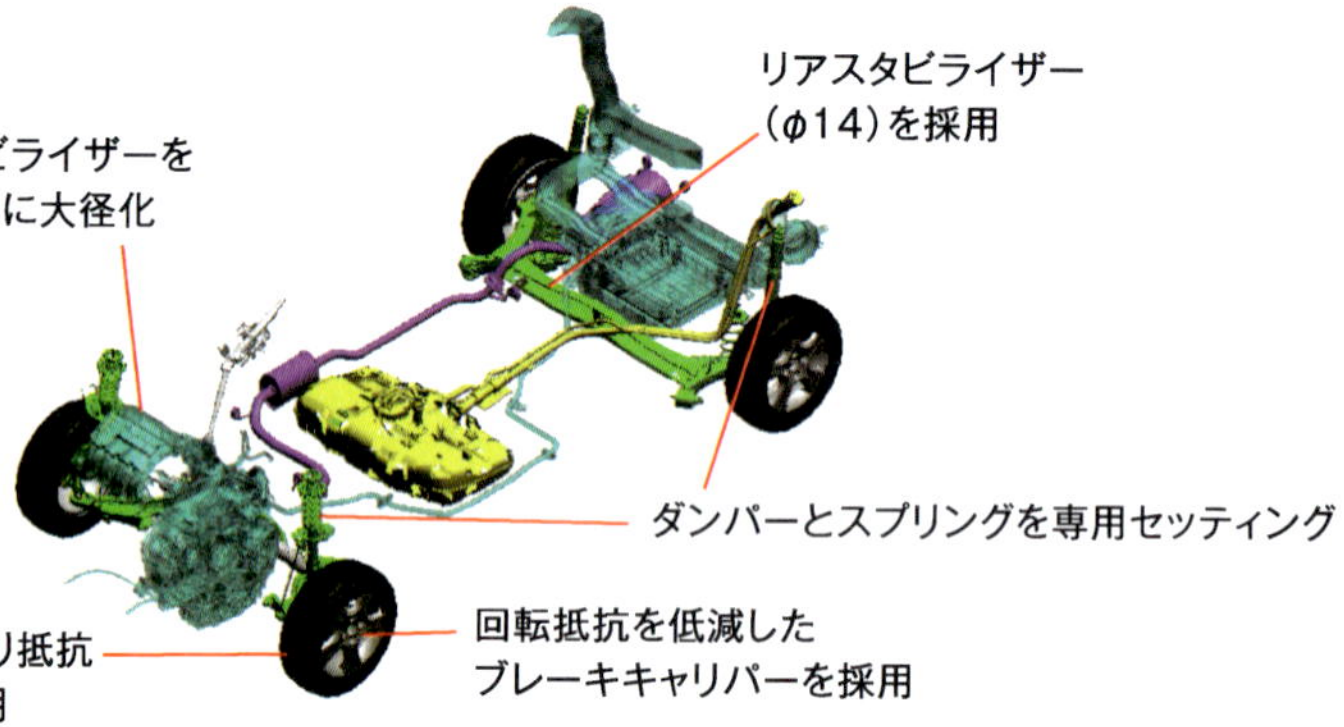

足回りへのこだわりはフィット・ハイブリッドでも見られる。「大事なのは、すべての面でユーザーに満足してもらうこと。そうでなければ偏ったクルマになり、長く使われず、ユーザーを狭めてしまう。すべてにおいて他車に勝っていることが重要であり、フィットが“ホンダらしい”と言われる理由」と人見LPLは言う。

ミニマム)思想〟の下に忠実に作られています。細かい部分、たとえばデザインやライトのデザインまで検証する。ものづくりに対して真面目というか、熱が入っているというのでしょうか。われわれの作り方は他のメーカーの作り方とは違います。他社のやり方が理解できないというか、ホンダの作り方に対する考え方は他社とは違う。気持ちの入れ方なのでしょうか。たとえば、ホンダの社是のなかに〝3つの喜び〟というのがあって、営業部門は売って喜んで、お客様は買って喜んで、エンジニアは作って喜ぶ。そんな創業時からのホンダのDNAが会社の社風として残っているのです」

ホンダのクルマの開発手法は、マーケットのニーズに依存したものではなく、そろばん勘定で収まりきれない部分があると人見は言う。それではコンパクトカーを作るうえで決め手となる価格の要素はどのように対処したのだろうか。そこには小型車を作るうえでのホンダらしい独特なこだわりがあった。

「スモールカーのマーケットは、値段など経済性やデザインに特化することで、それぞれのモデルが縄張りを作ってきました。そこで初代のフィットでは、経済性ばかりに特化してはいけない、すべての要素をナンバーワンにするというコンセプトを掲げました。たとえば、100万円の価格という〝ヒモ〟の長さをどこまで伸ばせるのか。ヒモの長く伸び切った状態で向こう側が透けてみえるほど〝透明度〟が増しているか、長所をどれくらい伸ばせているかが、クルマの価値として現れる部分です。スモールカーでは伸び代に限りはあるが、それに対してどれだけ努力できるか。それが勝つための〝ワザ〟です。同じ100万円でどれだけ苦労してよく出来ているか。それがいちばん大事なのです。個人個人が他社のモデルに対してどれだけより長くヒモを伸ばせているか把握していないと仕事をしている意味がない。具体的には、ボディパネルで鉄板を軽くしようと思えば薄くできますが、フィットでは溶接がない部分でも薄くなるよう削るなど、重量面で他車に勝つための強い気持ちが各所に出ていて、開発担当者ひとりひとりが努力していることがわかります。全体として100万円の総和の中でギリギリの工夫を尽くして作っているのがフィットの強みです。もちろん、燃料タンクを車両中央に設置する〝センタータンク・レイアウト〟など新しい技術は採り入れていますが、すべてを満足させて100万円で作るんだという、ひとりひとりの人間が他のクルマに負けないという気持ちをもたなければならない。それがホンダらしさであり、それを一番大事にしています」

■自動車は単なる道具ではない

だが、ビジネスの世界の現実は厳しい。将来的には小型車を日本で作るのは難しくなり、海外生産を考慮せざるをえなくなるのではないだろうか。だが、ホンダには創業者である本田宗一郎の思想に繋がる精神、DNAといえる部分が存在すると人見は説明する。

「国外で生産するという手法もあると思いますし、コスト重視という考え方は非常に明快ですね。しかし、ホンダの中には、技術屋も頑張るけれど、生産部門も効率を上げていく。人間を尊重して、オールホンダとしてひとつのものを作ることを考えています。仲間意識を大事にして、国内で効率を上げて作り続けていくようにがんばっていきたい。ホンダの経営者は、人を大切にしたいという気持ちを持っている。経営者に本田宗一郎の生き様が色濃くでているのではないでしょうか。普通に経営面だけを考えれば、大幅なリストラさえありえます。でも、なんだかもっとガンバレルのではないか、ホンダの市場でのシェアを考えれば、それぞれのモデルで勝ち抜けていければいいんじゃないかと思うのです。技術屋は他車に勝てる技術を生み出し、生産部門は効率を上げていけば、まだやっていけると考えているのではないでしょうか」

フィットのような小型車を作る難しさには、道具としての質の高さという切り口があるいっぽうで、小さくても使う上で喜びを与えてくれるクルマでなければならないと人見は主張する。

「自動車は道具にはなりきれないでしょう。価格が100万円以上するものだから、そこで5万円下がったからといって〝これでいいや〟とは思えない。そこで、限られた枠の中でどれだけよいクルマを作り、提供できるかが、長くそのモデルを生き続けさせられるかどうかのカギになると思います」

人見の言葉の端々には、常にクルマというものに対する思い入れが見え隠れするのが嬉しい。

「海外に生産拠点を移してしまった瞬間に、クルマとして不満はないかもしれないけれど、僕らが子どもの時に憧れていたようなものではなく、道具になりきってしまうような気がします。マーケットの状況は変わってきていますが、僕らが仕事をしている間はクルマを単なる道具にはしたくない。環境も大事ですが、欧州の自動車ショーなどでは、環境に配慮したクルマはいっぱいありますが、やはり人気のあるクルマは派手で、格好よく、夢がある。そういうクルマに人々が群がっている。それが羨ましいと思うし、個人的にはそういうところにクルマの文化があると考えています。安い道具のようなクルマを買えばそれでいいという考え方は認めますし、日本でもそれで充分なのでしょうけれど。でも、クルマには他の商品とは異なるイメージがある。僕らはクルマに育てられましたから、クルマに恩返ししなければいけないと思うのです」

（担当：編集部）

ホンダが目指すEVコミュニティ

電動化技術が社会を変える

生方 聡／MOTORING

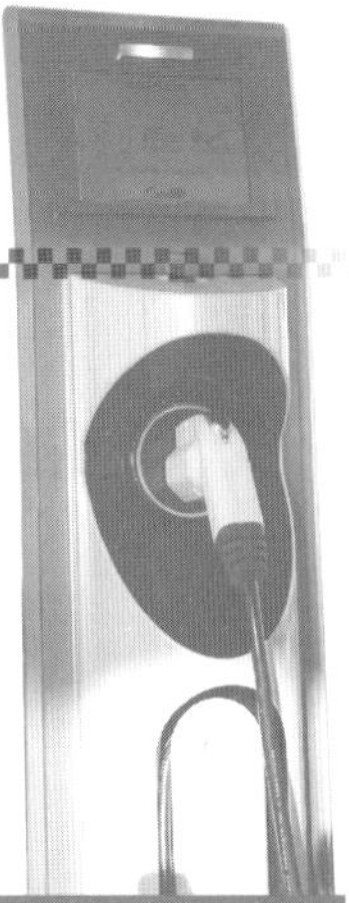

ハイブリッド車の登場によって自動車が電気を利用して走ることへの一般の認識は、近年急速に高まってきた。パーソナルモビリティ(個人の移動手段)の電動化を進めるホンダは、これまで普及に努めてきたハイブリッド車に加え、電気自動車やプラグインハイブリッド車などの実用性を検証するために、国内外での実証実験をスタートした。その内容を具体的に見ていくとともに、その狙いを探る。

■2010年12月20日 ホンダ和光ビルにて

埼玉県和光市にあるホンダ和光ビル。かつての和光工場の跡地に建設されたオフィスビルは、東京都港区の青山ビルと一体となり本社機能を果たす重要な拠点だ。〝緑の丘〟と呼ばれるとおり、広大な敷地は緑に溢れ、小高い丘にはモダンな建物が並ぶ。オフィスというよりも、郊外の大学のキャンパスという風情である。

メインのエントランスを抜けるとすぐに、お目当ての施設が見つかった。群青色に輝くソーラーパネルが貼られたカーポート。その下には、ボディサイドに派手なステッカーが貼られたフィットとインスパイア。よく見ると風変わりなスクーターも停まっている。

これが、この日お披露目になった「ソーラー充電ステーション」だ。ホンダは、埼玉県と共同で行う〝次世代パーソナルモビリティの実証実験〟に関してその内容を公表するとともに、実証実験で使う車両とソーラー充電ステーションを日本で初めて公開したのだ。

公開に先立ち、ホンダの伊東孝紳社長はこう述べている。

「ホンダは移動する喜びと持続可能な社会の両立を目指しまして二輪、四輪、汎用製品の低燃費化とCO_2削減に取り組んでおります。今回の実験では、ホンダの再生可能エネルギー技術と、電動化モビリティを活用して、実際の都市交通における電動化モビリティの実用性、利便性を検証、そしてそれらに電力供給する太陽光発電による充電インフラの使い勝手の検証を行います。さらに、モビリティのインフラをつなぎ、高効率なエネルギーマネージメントを実現するための情報通信技術の提唱など、総合的なアプローチによるCO_2の削減効果の検証を行います」

■目指すはCO_2排出ゼロのモビリティ

世界中の自動車メーカーは、地球環境の保全と自らの生き残りをかけて、化石燃料からの脱却とゼロエミッション車の開発に躍起になっている。目指すはガソリンを一切使わないクルマの普及、そして、CO_2排出ゼロのモビリティ。もちろん、ホンダも例外ではなく、すでに１９９７年には日米市場に電気自動車（ＥＶ）の「ＥＶプラス」を投入しているし、１９９９年には究極のエコカーといわれる燃料電池車「ＦＣＸ」を公開、２００２年末にはこちらも日米の路上を走り始めた。

しかし、これを実現するには、解決すべき課題が山ほどある。クルマそのものに注目すれば、ＥＶなら航続距離やそれを左右するバッテリーの開発、補助金なしではガソリン車に太刀打ちできない価格がある。燃料電池車なら、その核となる燃料電池のコストをいかに下げるかが課題だ。いっぽう、ＥＶや燃料電池車の普及には、充電スタンドや水素スタンドといったインフラの整備が不可欠で、次世代自動車の普及には、まだまだクリアしなければならないハードルがたくさんある。

そんな状況のもと、現時点でエコカーの主役の座につくのがハイブリッド車だ。ガソリン車と同じインフラを利用しながら低燃費を実現するハイブリッド車は、いまや価格もこなれていて、〝エコカー減税〟（実際は１００％免税）の後押しもあって、販売台数ではガソリン車を上回るほどの人気を博している。しかし、長い目で見れば、ハイブリッド車は、電気自動車や燃料電池車が普及するまでの〝橋渡し〟という位置づけにあり、自動車メーカーはハイブリッド車が売れているいまの状況に満足しているわけにはいかないのだ。

ホンダ和光ビルの「ソーラー充電ステーション」の前に並んだ電気仕掛けの実験車両。下：EVのフロント部はコントローラー／モーターなどで埋め尽くされている。

■ハイブリッドの橋を渡りきるために

ハイブリッドの橋を無事に渡りきることが、自動車メーカーの存続につながるとする伊東社長は、２０１０年11月にアメリカで開催されたロサンジェルス・モーターショーでこう述べた。

「この20年間、ホンダにおいては、電動化の動きが止まることはありませんでした。そしていま、政府からの支援も増え、環境に対する関心も高まり、社会は電気自動車に向かって橋を渡りはじめる用意ができたように思います。しかし、現実には、人々が電動化へとつながるハイブリッドの橋を渡り終えるには何年もかかることでしょう。この橋の途中で、次の重要なステップとなるのがプラグインハイブリッドです。それはプラグインが、燃費に優れ、かつ航続距離も充分という社会のニーズを満たすからであり、これは、実社会ではきわめて重大なお客さまの要求なのです」

橋を渡りきると、ＥＶと燃料電池車が新しいモビリティの主役としてわれわれを迎えてくれるはずだ。

「ホンダのＦＣＸクラリティに代表される燃料電池自動車が未来のモビリティにおける究極のフラッグシップであると私たちはいまも確信しています。ＦＣＸクラリティは、従来の乗用車と変わらない走行感や充分な航続距離など、クルマに必要な機能をすべて備えた電気自動車です。同時に、市街地でのコミューターとして、電気自動車にも取り組んでいます」

橋を渡りきるための技術、そして、渡りきったあとの世界にスムーズに移行するための技術を確立するために、ホンダは次世代パーソナルモビリティの実証実験をスタートさせたというわけだ。

■埼玉県の場合

実はホンダはこの5日前の12月15日に、アメリカのカリフォルニア州でも同様のデモンストレーションプログラムを開始するいっぽう、12月24日には熊本県でも実証実験の施設を公開している。さらに、中国での展開も検討しているといい、いよいよホンダの取り組みが新しいステージに入ったという印象を受ける。

このなかから、今回は埼玉県での実証実験を、詳しく見ていくことにしよう。

2009年3月、ホンダと埼玉県は「環境分野における協力に関する協定」を締結し、「みどりと川の再生」の推進や地球温暖化対策での協力、環境意識の醸成など、さまざまな分野で環境保全活動を行ってきた。

今回の実証実験もその一環で、ホンダは二輪、四輪、汎用製品の電動化技術と、「インターナビ」に代表される情報通信技術を活用することで、大都市圏の街づくりと次世代交通システムの可能性を探ろうとしているのだ。

実験の拠点となるのは、さいたま市、熊谷市、秩父市の3市。たとえば、大都市と位置づけられるさいたま市の場合、都市部の駅周辺を中心に、電動二輪車やEVの共同利用実験を計画している。最近話題となっているカーシェアリングが、電動化によってどう変わるかに注目が集まる。また、住宅地では、ガソリン車に比べて走行時の騒音が小さい電動車両がどんな価値を生み出すのかを評価するという。

いっぽう、大都市近郊の都市にあたる熊谷市では、籠原駅を拠点とした〝パーク＆ライド〟を実施する。ユーザーは、クルマで籠原駅までやってきて、ここで電車に乗り換える。その際に、EVやプラグインハイブリッド車がパーク＆ライドに適しているか、あるいは、どうすればユーザーの利便性が確保できるのかなどを検証する。

秩父市では「市民協働型のまちづくり」と連携して、電動カート（シニアカー）の提供によって高齢者の移動機会を増やすとともに、快適な移動には何が必要かを見きわめたい考えだ。

その後、2011年5月末に、ホンダは「E－KIZUNA Project協定」をさいたま市と締結した。具体的には、実際の都市での環境の中で、EVやプラグインハイブリッド車、電動二輪車の実用性の検証とともに、ホンダが独自開発したガスエンジンコジェネレーションユニットや太陽光発電システムなどを組み合わせた「ホンダスマートホームシステム」を導入した家屋を、2012年春を目標に建設。この家屋で、外部供給電力に加え、同システムで作られた電力や熱エネルギーを、家庭内や電動化車両を含めて効率よくマネージメントすることで日常生活でのCO_2排出量の低減などを目指すとのことだ。

■ホンダ・エレクトリック・モビリティ・シナジー

ホンダは同社の電動化モビリティ技術と「創エネルギー」技術、そして情報通信技術を組み合わせた「ホンダ・エレクトリック・モビリティ・シナジー」コンセプトに基づいて、実証実験を進める。

実証実験用車両として提供される次世代パーソナルモビリティには、EVをはじめ、プラグインハイブリッド車、電動二輪車、電動カートが用意される。

市街地の移動に適したコミューターとして、期待が高まるのがコンパクトなEV。近距離移動には充分な航続距離を確保しながら、走行中にCO_2を排出しないのが特徴だ。ホンダが用意するのは、フィットをベースとしたEVで、各地の実証実験をつうじて技術を磨き、2012年には日米での発売を目指す。

今回の実験車両について、伊東社長は前述のロサンジェルス・ショーの席で以下のように語っている。

「業界において比較目的で使われているEPAのLA－4モードによると、フィットEVはリチウムイオン電池1回の充電で100マイル(約160㎞)以上の航続距離を達成する見込みです。ここでもホンダが培った電動化の技術が活かされています。FCXクラリティで初めて採用した同軸モーターが生み出す抜群のモーター出力もそのひとつです。私たちがFCXから学んだことは、そのままフィットEVに適用可能なのです」

この言葉からわかるように、フィットEVには、FCXクラリティと同型のギアボックス同軸モーターが搭載されている。モーターのローターシャフトを中空構造にして、その中にドライブシャフトを貫通させることで、同軸化を実現。モーターとギアボックスが一体化され、コンパクトに仕上がったパワーユニットは、フィットのボンネットに搭載するうえでも有効だったのだ。

モーターの性能は、最高出力が92kW、最大トルクが256Nm(26・1kgm)で、最高速度は144㎞／hに達する。搭載されるリチウムイオン電池は東芝製で、JC08モード換算の航続距離は160㎞以上に及ぶ。満充電に要する時間は、100Vなら12時間以下、200Vなら6時間以下。もちろん、急速充電にも対応し、30分で80％の充電が可能である。

走りへのこだわり、という部分でもホンダらしさが表れている。

「2リッタークラスのクルマに匹敵する走行感とともに、お客さまに走る喜びを経験していただくために、ホンダは独自のアプローチをとっています。画期的な3モードEVドライブシステムは、FCXクラリティで培われたE－Drive技術と、CR－Zで導入した新しい3モードドライブシステムを兼ね備えています」

3モードドライブシステムは、ユーザーが「ノーマル」「ECON」「スポーツ」のモードを切り替えることで、異なる走りが楽しめるというもの。たとえばノーマルを選べば、航続距離と動力性能をバランスさせた走行が可能で、ECONは出力を抑制するなどパフォーマンスを抑えることで航続距離を伸ばすモード。ノーマルに比べて17％航続距離が伸びるという(アメリカ仕様の場合)。いっぽう、スポーツモードならパフォーマンスを優先した走りが味わえる。

「私たちは、電気自動車にはすぐれた実用性と走る歓びが必要と考えています。そしてこれこそが、5人乗りフィットの特長なのです。フィットが電気自動車として完璧にフィットする理由がそこにあります」

■プラグインハイブリッドには新システムを搭載

プラグインハイブリッド車の実証実験車は、ホンダの中型セダン「インスパイア」をベースに専用に開発された車両だ。ホンダのハイブリッドといえば、インサイト、CR－Z、フィット・ハイブリッドに搭載されるIMA（インテグレーテッド・モーター・アシスト）を思い浮かべるが、このプラグインハイブリッド車に採用されるのは新規に開発されたシステムだ。そもそもIMAはモーターのみでの発進ができなかったが、プラグインハイブリッドを名乗るには、いわゆる〝EV走行〟を可能にする必要があった。

そこでホンダは駆動および回生用と発電用にふたつのモーターを搭載したシステムを開発。これによりEV走行を可能にするとともに、必要に応じてエンジンをアシストしながら優れた燃費を稼ぐ。エンジンは直列4気筒のi－VTECエンジンで、圧縮比よりも膨張比が高いアトキンソンサイクルを採用することで熱効率の向上を図った。

駆動用モーターは120kWの最高出力を誇り、EV走行時の最高速は100km／hをマーク。バッテリーにはブルーエナジー製のリチウムイオン電池（6kWh）を搭載することで、バッテリーだけで25km（JC08モード）の走行を可能とした。充電に要する時間は、100Vなら4時間以下、200Vなら90分以下という。ちなみにブルーエナジーは、ホンダとGSユアサが設立したハイブリッド車用リチウムイオン電池メーカーだ。

近距離の移動は電気だけのゼロエミッションカーとして、また、長距離はハイブリッドカーとして低燃費と長い航続距離（1000km以上）が期待できるエコカーとして、プラグインハイブリッド車はふたつの顔を持つ。「私たちの究極の目標はパーソナルモビリティの電動化です。しかし、その考えがいかに魅力的であろうとも、一台の自動車ですべてのお客さまのニーズを満たすことは不可能であり、すべての社会的な問題を解決することもできません」（伊東社長／LAショー）完全な電動化の直前のステップとして、現実的な解答がこのプラグインハイブリッドだけに、その開発が急がれるところだ。ホンダでは2012年の商品化を目指している。

■スーパーカブに代わる期待の新人

郵便や新聞など、配達業務に欠かせない原付自転車。その代表といえばホンダのスーパーカブだろう。そのジャンルにも電動化の波は押し寄せている。２０１０年12月24日にリース販売が開始された「ＥＶ‐ｎｅｏ」は、原付免許で乗れる〝第一種原動機付自転車〟に分類される電動二輪車だ。

自社製のＤＣブラシレスモーターと東芝製のリチウムイオン電池を搭載するスクータータイプのＥＶ‐ｎｅｏは、エンジン付きのスクーターに比べるとクリーンで静か。また、低回転で力強いトルクを発揮するモーターによって、30㎏の荷物を搭載した場合でも傾斜12度の坂道で発進が可能だという。

航続距離は34㎞（30㎞／h定地走行時）で、

充電に要する時間は、シート下に格納できる普通充電器（１００Ｖ）なら約３時間半。いっぽう、２００Ｖの急速充電器ならわずか30分でフル充電が可能だ。すでにリース販売がスタートしているが、いまのところ対象は官公庁や法人、個人事業主に限られている。

ＥＶ－ｎｅｏに加えて、電動化された身近な移動手段として実証実験に提供されるのが、電動カートの「モンパルＭＬ２００」である。２００６年に発売されたモンパルは、運転免許が不要の福祉車両。パナソニック製の鉛電池を搭載し、最高速は前進６㎞／ｈ、後退２㎞／ｈ。平坦路を６㎞／ｈで走行した場合の航続距離は約25㎞である。

■使う電気もホンダ製

実証実験を支える充電ステーションもまた、実用化に向けてテストが開始された。冒頭のソーラー充電ステーションは、１日あたり平均約30㎾ｈ、最大出力約10㎾の電力供給が可能で、ホンダによれば太陽光だけでＥＶ４台が１日走行できるエネルギーが発電できるという。カーポートの屋根に貼られているのは、ホンダの子会社、「ホンダソルテック」製のＣＩＧＳ薄膜太陽電池で、84枚を並列に配置している。まさに〝Powered by Honda〟というわけだ。

充電にはホンダオリジナルデザインの充電スタンドが用意され、ＥＶやプラグインハイブリッド向けの充電プラグを備えるほか、通常のＡＣ１００Ｖ／２００Ｖのコンセントを用意することで、すべての実証実験車両に対応する。これとは別にＥＶやプラグインハイブリッドの急速充電器も配置されている。

ソーラー充電ステーションとは別のインフラも、現在設置の準備が進められている。埼玉県庁の敷地内に「ソーラー水素ステーション」をつくろうと計画している。燃料電池車もまた重要な次世代パーソナルモビリティだが、走行に必要な水素をチャージするには、その製造から貯蔵、充填にいたるプロセスで、できるかぎりCO_2を発生しないことが大切だ。それにより、燃料電池車は真のゼロエミッション車になることができる。

これを実現するためにホンダは、ソーラーパネルによって発電した電気で水素をつくり、その水素を燃料電池車に充填して走らせるシステムを考案、すでにホンダＲ＆Ｄアメリカズで実証実験を開始している。

実証実験で使用するＦＣＸクラリティには、新たに10kW以上の電力を外部に取り出すことができる機能が追加されることになった。つまり、燃料電池で発電した電力を、クルマを走らせるだけでなく、いざというときは家庭用の電源としても利用できるのだ。ちなみに、一般家庭で使用する電力が５kWだとすると、ＦＣＸクラリティはおよそ2世帯分の電力が供給できることになる。

「ソーラー充電ステーション」には、屋根にソーラーパネル(上)、通常充電器(下右)、EV／プラグインハイブリッド用の急速充電器(下左)を設置。

■情報が安心を加速する

ＥＶや電動二輪車を乗る人にとって、一番の心配事は充電の問題だろう。バッテリーが満充電で、移動距離が短ければ安心だが、バッテリー残量が少なかったり、また、満充電でも移動距離が長ければ、途中でバッテリーが空になるリスクは避けられない。そこで、ホンダが四輪車向けに展開する情報ネットワークサービス「インターナビ・プレミアムクラブ」の機能を利用して、必要な情報を提供し、ドライバーに安心を提供するのも、今回の実証実験のテーマである。

具体的には、カーナビゲーション・システムから、充電ステーションの場所の検索や目的地の設定が行えるほか、車両の状態がカーナビ画面で確認できる。さらに、テレマティクス技術を用いた充電サポートサービスも見逃せない。ユーザーはスマートフォンを用いて、車両から離れた場所からバッテリー残量や航続距離が確認できるうえ、航続可能エリア内の充電スタンドの情報、たとえば空き状況などを入手することが可能となる。また、充電完了の知らせをメールで受け取ったり、スマートフォンから充電をリモート操作するなど、時間のかかる充電を効率的に行う工夫が、今後さらに盛り込まれていくに違いない。

ホンダは、この埼玉をはじめ、熊本、ロサンジェルスの実証実験をつうじて、ＥＶやプラグインハイブリッドといった電動車両の性能や、また、ソーラー充電ステーションやソーラー水素ステーションなどのインフラの実用性を確認する。さらに、車両とインフラを情報通信技術で結ぶことで、安心で効率的な次世代パーソナルモビリティを模索するという。

そして将来はさらに大きな枠組みで低炭素社会の構築を目指すという。伊東社長はホンダ和光ビルの会見をこう締めくくった。

「今回の検証結果をもとに、ホンダの二輪、四輪、汎用の電動化技術を組み合わせ、家庭単位で発電、蓄電、充電を効率よくコントロールすることで、ホンダならではの『トータル・エネルギー・マネージメント』の実現を目指してまいります。将来的には、個々の家庭をネットワーク化することで地域社会での活用を視野に入れ、低炭素で豊かなライフスタイルをお客さまとともに創造していきたいと考えています」

ともすると明日にでもＥＶの時代がやってきそうな報道が多い昨今、大切な未来を確実なものにしようと、一歩一歩着実に進むホンダ。本当に必要なもの、本当に役に立つ技術を見きわめながら、移動に欠かせない次世代パーソナルモビリティを、ホンダらしさ満載でわれわれに届けてほしい。

PART 2

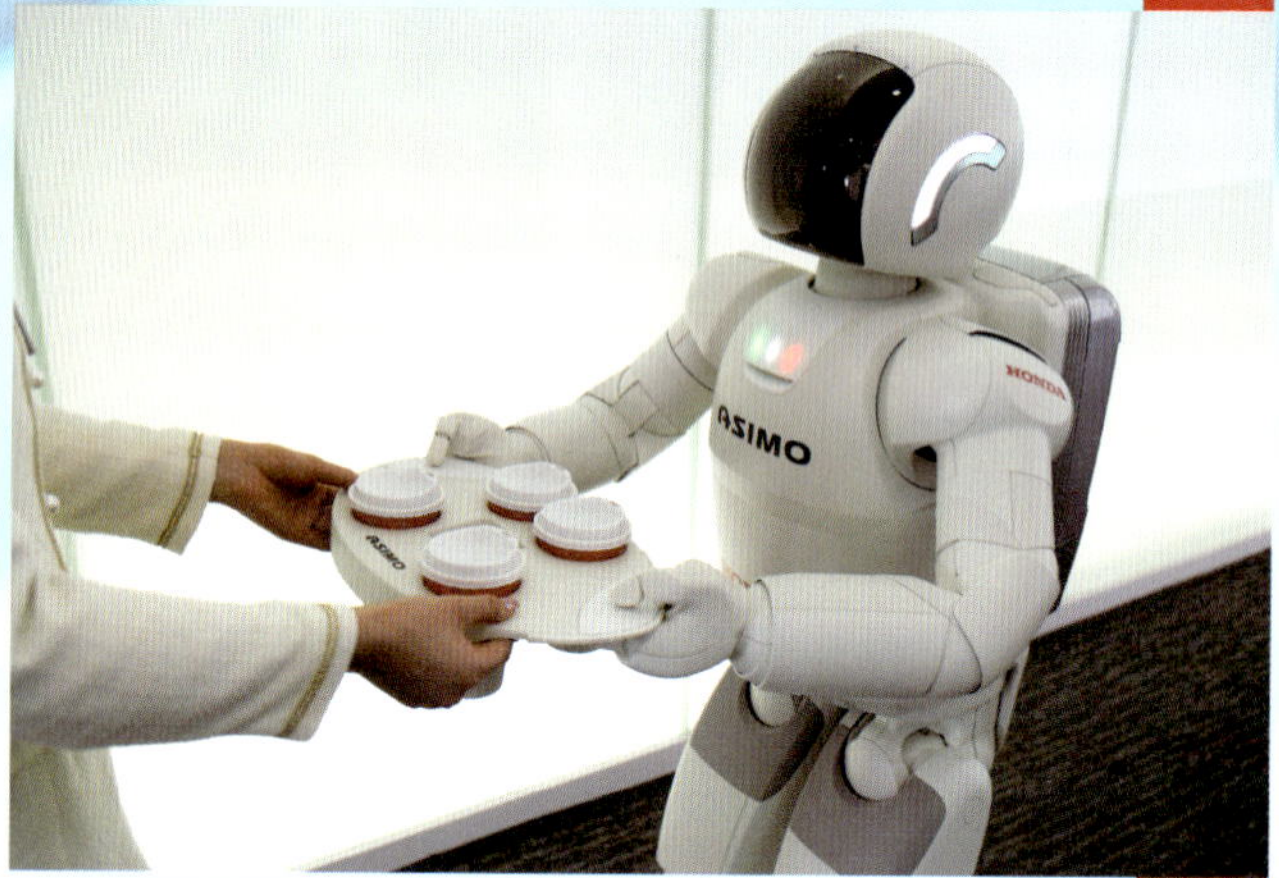

ヒトを助けるテクノロジー

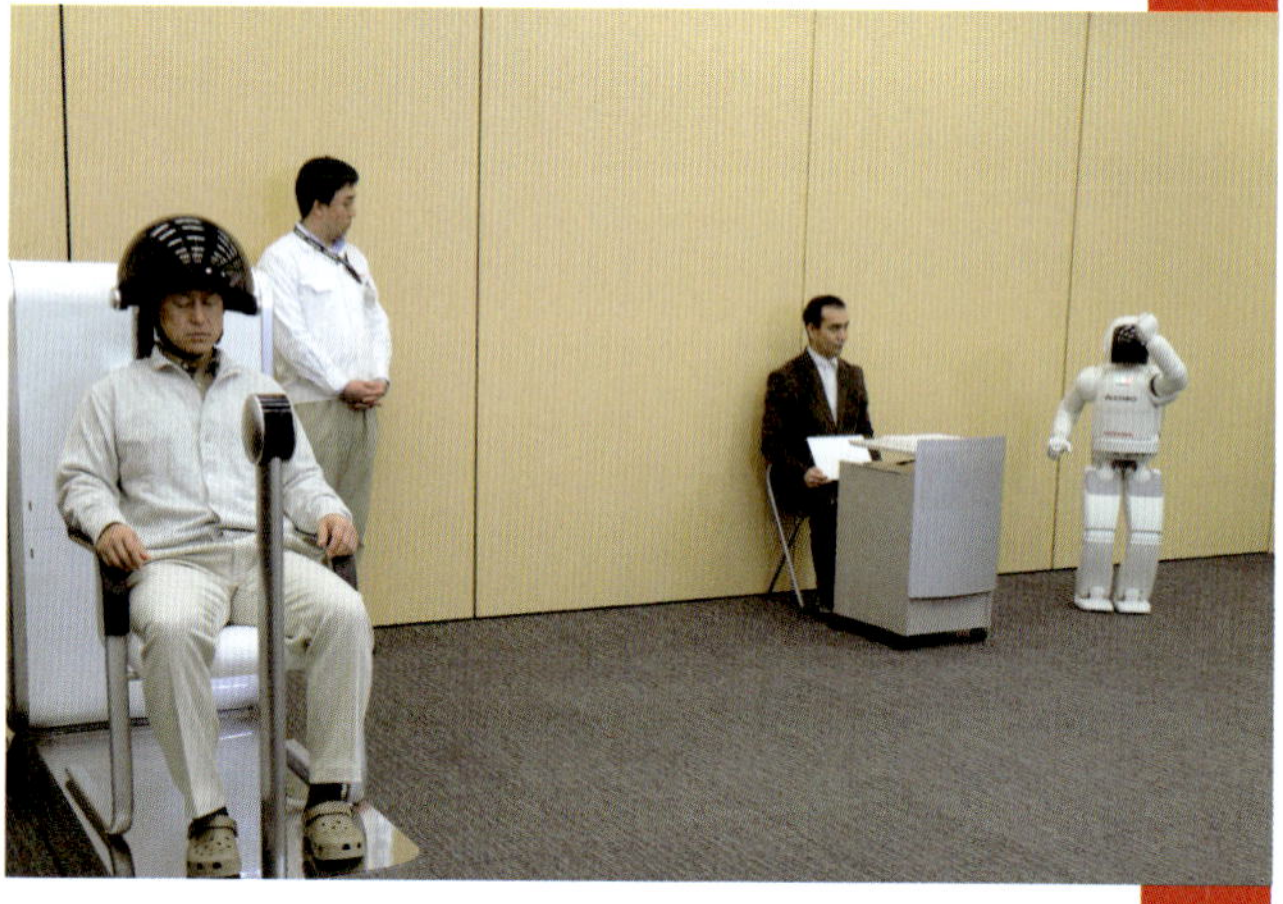

ASIMOがかなえた「夢」

ホンダが生んだ「アトム」

生方 聡／MOTORING

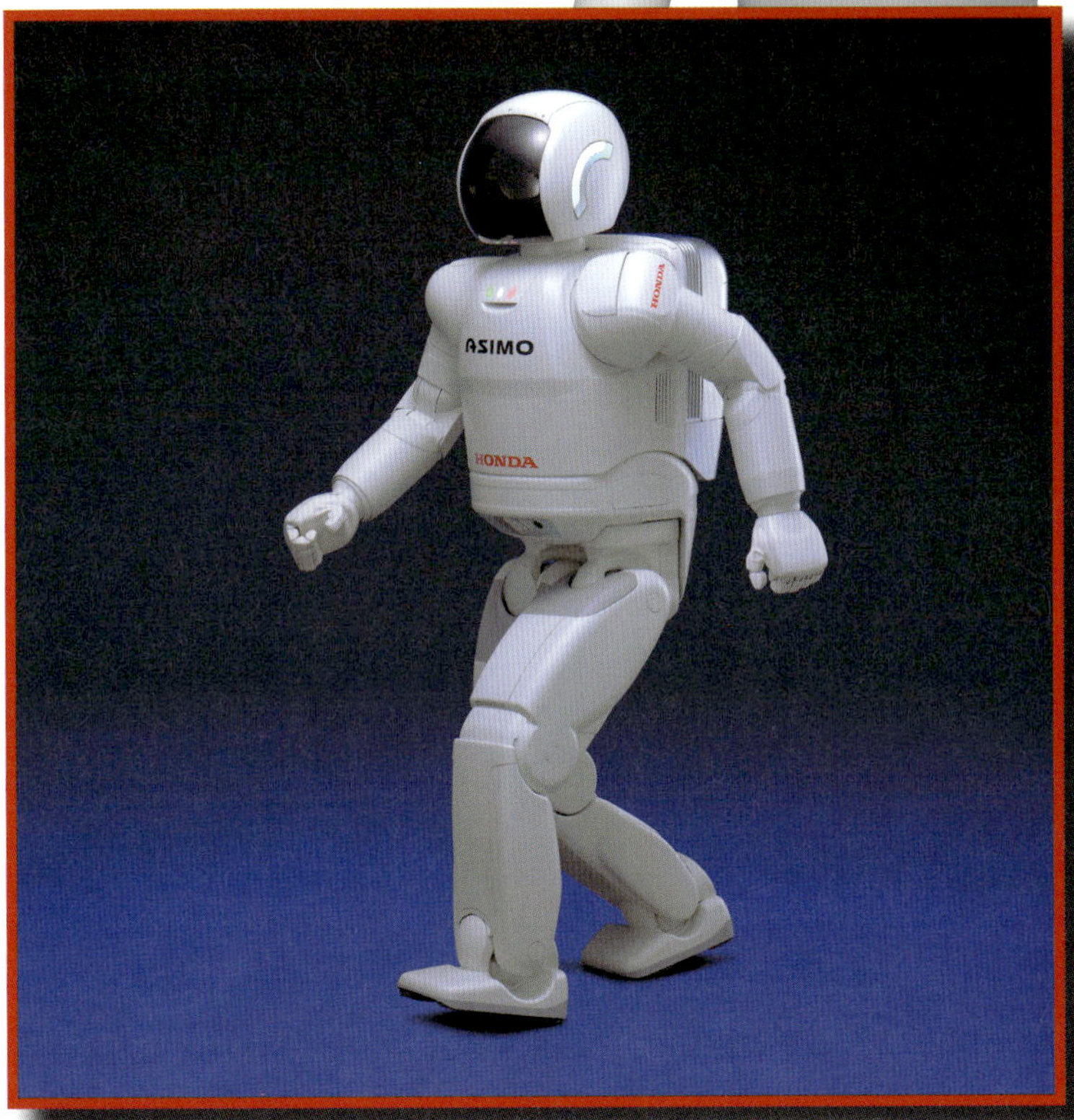

自動車メーカーであるホンダが世に送り出したロボット「ＡＳＩＭＯ」は、いまやホンダのイメージキャラクターといってもよいだろう。ホンダが先鞭をつけた人間型二足歩行ロボットの世界は、「ＡＳＩＭＯ」の登場でより親しみやすく、身近な存在になった。二輪、四輪に続く未来の移動体として、ホンダが開発に挑んだ未知のテーマは、いかにして現実のものとなったか？ ＡＳＩＭＯの開発に初期段階から携わってきた株式会社本田技術研究所・基礎技術研究センターの広瀬真人(ひろせ・まさと)主席研究員に、当時の様子と現在に至るまでの道程を伺う。

■夢を現実にしたASIMO

われわれがイメージする未来の世界には欠かせない存在でありながら、永らく空想の域を超えることのなかった人間型ロボット。それを一気に身近にしたのがＡＳＩＭＯである。すでに誕生から10年以上が過ぎ、その愛らしい姿や仕草が、幅広いファンを獲得している。

ＡＳＩＭＯの名は、「Advanced Step in Innovative MObility」、すなわち、〝新しい時代へ進化した革新的モビリティ〟を意味するが、実際は「足モビリティ」「明日のモビリティ」に由来するといわれている……というのはさておき、近い将来、われわれの生活空間に入り、人間をサポートすることを前提に、それにふさわしいサイズやデザイン、機能が与えられたというＡＳＩＭＯ。身長１３０㎝の小柄な体格は、オフィスを動き回ることを前提とした、人間に威圧感を与えない絶妙な大きさ。人を認識して挨拶をしたり、トレイに載せたコーヒーをテーブルまで届けるなどの機能も備えている。

そんなＡＳＩＭＯが、われわれの前に姿を見せたのは、２０００年11月20日のこと。２０１０年10月には誕生10周年記念のイベントが開催され、この間にもＡＳＩＭＯはさまざまな進化を遂げるのだが、ＡＳＩＭＯ誕生から遡ること14年、広瀬が本田技術研究所に入社した１９８６年7月には、プロジェクトはスタートラインにすら辿り着いていない状況だった。

■とにかくホンダに入りたかった

大学で機械加工を専攻した広瀬は、卒業後、その知識が活かせることから、とある工作機器メーカーに入社した。そこで広瀬は自動製図器の開発を担当し、１９８０年代前半に

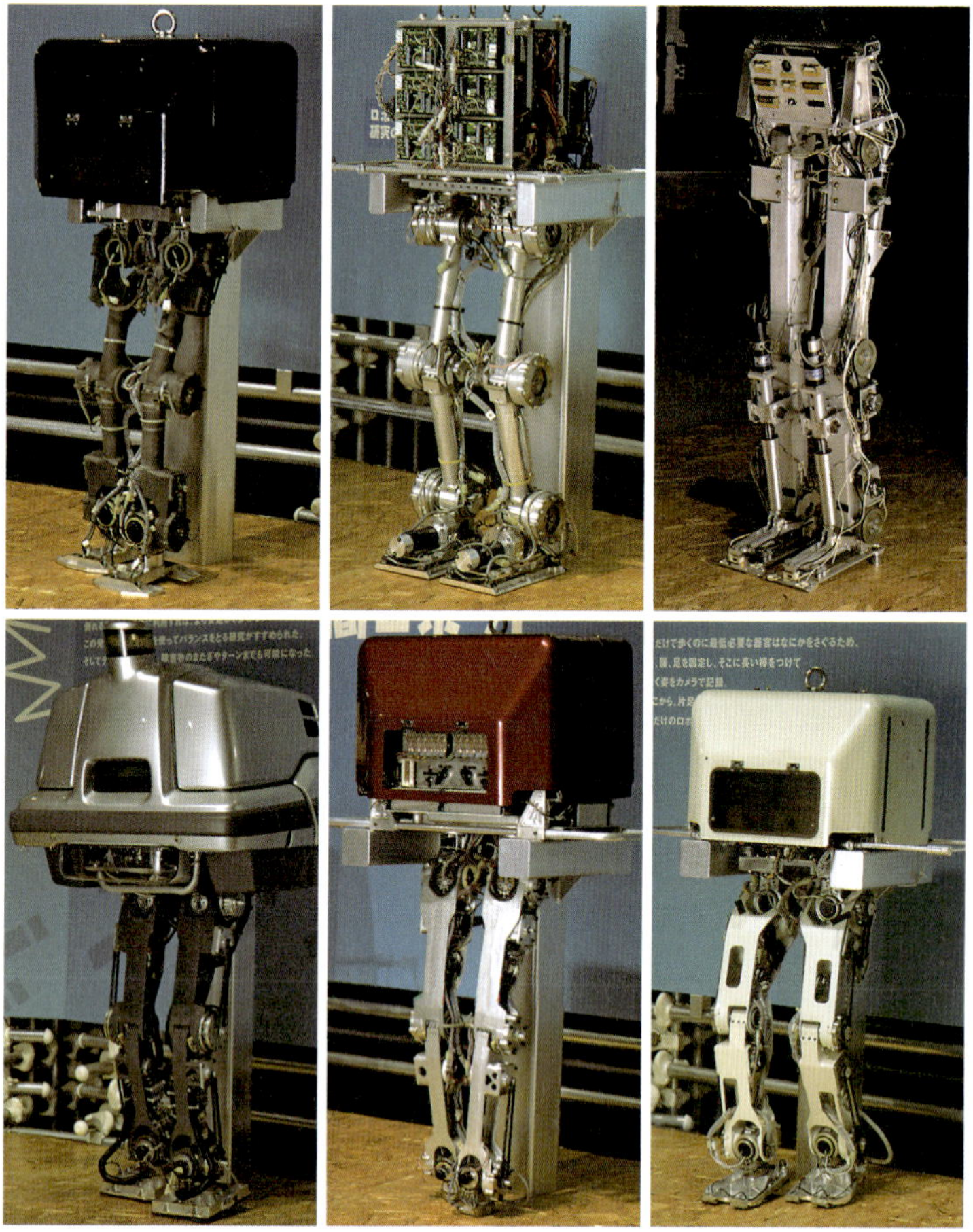

上右から１９８６年に製作されたＥ０（ゼロ）、Ｅ１、Ｅ２（ＥはExperimental Modelの意）。下右からＥ３、Ｅ４、Ｅ５。常に身体の重心が足の裏に入るように歩く「静歩行」から、足の裏から重心が外れる「動歩行」へと進化するには巧みな姿勢制御が必要だった。そしてＥ５では、階段や斜面においても安定した２足歩行を実現させた。

ホンダが生んだ「アトム」

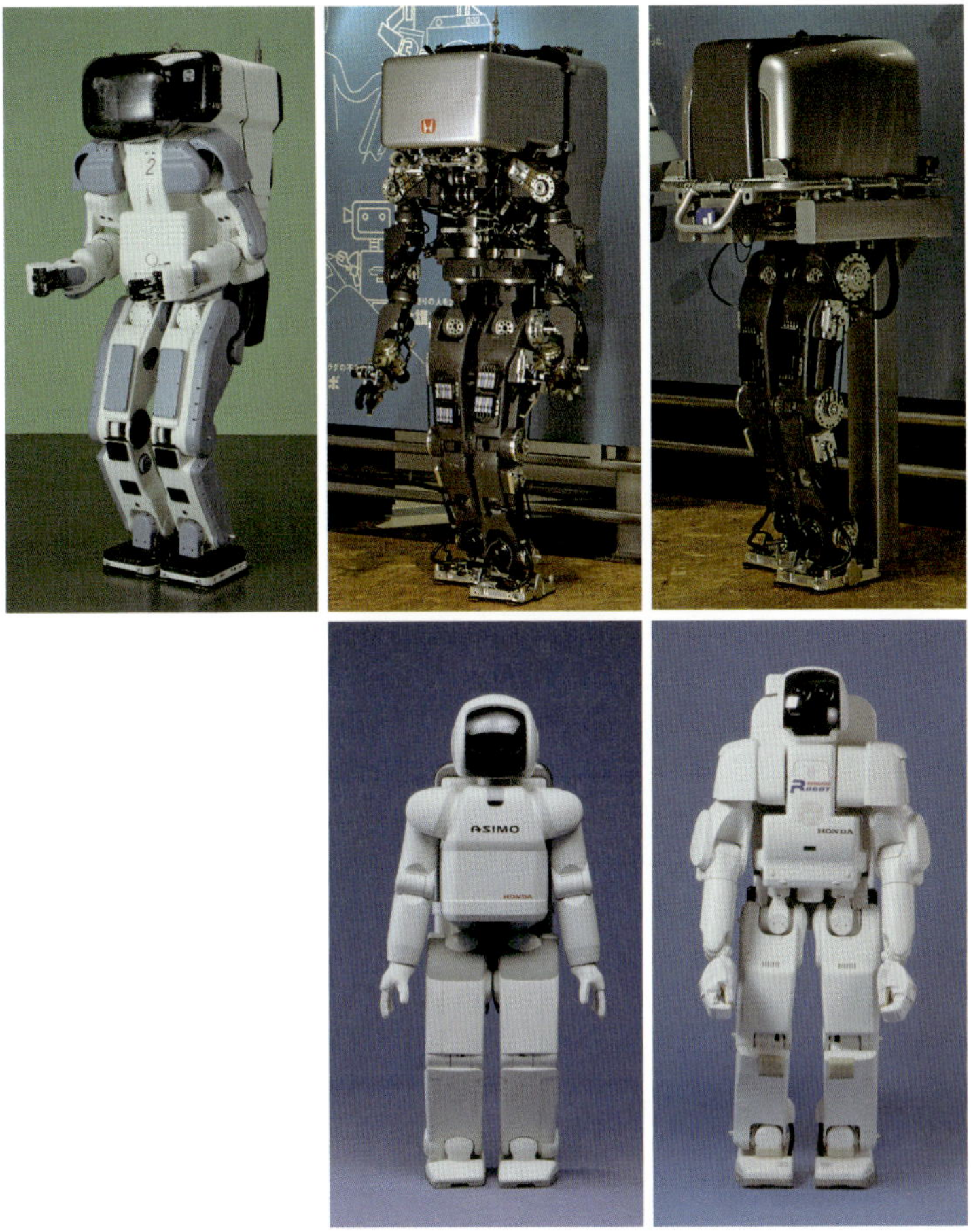

上右からＥ６、Ｐ１、Ｐ２（ＰはPrototype Modelの意）。下右からＰ３、そしてＡＳＩＭＯ。Ｐ１から腕が与えられたことで、脚と組み合わせた動きの協調制御や、物を掴む動作などを実現した。Ｐ３でよりヒトの姿に近づいた完全自律人間型２足歩行ロボットへと進化し、２０００年11月についにＡＳＩＭＯが誕生することとなる。

は当時世界初となるＡ１サイズのフルカラープリンターを手がけている。「20代の私が、〝世界一〟〝世界初〟の仕事にめぐり逢えたという意味では恵まれていたし、楽しかった」しかし、そのいっぽうで、学生時代から憧れるホンダへの思いは日に日に募っていった。

そこで広瀬は30歳を前にホンダへの転職を考え始めるのだが、家族の猛反対に遭い、一度は諦める羽目に。意気消沈し、元気を失う広瀬。それを見かねた広瀬の妻が、その翌年、ホンダ（本田技術研究所）の求人広告を見つけ出し、広瀬に伝えたことから、転職は現実のものになった。

「とにかくホンダに入りたかった」という広瀬は、勤務地も仕事の内容もこだわるつもりはなかった。入社前に勤務地は埼玉と知らされるが、「何をやるかは聞かされてなかった。それまで工作機器メーカーに勤めていましたから、てっきり狭山製作所で設備関係の開発を担当するものと思っていました」。しかし、実際に広瀬が配属されたのは、同じ埼玉でも当時の和光研究センター（現在の基礎技術研究センター、社内呼称でＨＧＦと呼ばれる）。当初は狭山で予定されていた工場研修もキャンセルとなり、入社一日目を配属先で迎えることになった。

ＨＧＦに行くと、当時の初代所長だった田上勝俊から仕事の内容を明かされる。「君の仕事は決まっている。〝アトム〟をつくってくれ」アトムとは、もちろん手塚治虫の『鉄腕アトム』だ。

その年の4月に設立されたHGFは、将来ホンダがモビリティのトップ企業として生き残るために必要な基礎技術を研究するための組織で、設立から数年間はその存在すら公になることはなかった。その秘密の研究所では当時、超軽量自動車、自動運転、飛行機、そして、人間型ロボットが開発テーマとして掲げられていた。もちろん、組織も開発テーマも知るはずのない広瀬が、アニメや映画の世界でしか見たことのない人間型ロボットの開発を命じられてふと思い出したのが、二次面接でのやりとりだった。

「君はロボットをどう思う？ 君ならつくれるか？と聞かれたんです」

産業用ロボットの話だと思った広瀬は、「もちろん、つくれますよ。あんなの自動製図機に比べたら、はるかに精度は低いし、どうってことないですよ」と答えたという。この時点で、広瀬の運命は決まっていたのかもしれない。

「〝アトムをつくれ〟といっても、アニメのアトムをつくるわけではありません。あくまでアトムはイメージを明快にするためのたとえで、ホンダがめざすアトムは何なのかを自分たちで考えて、企画・提案せよ、という意味でした」広瀬は「できるわけがない」と戸惑いながらも、想像を遥かに超えていたホンダという会社に、「すごいな、なんて会社に入れたんだと歓喜しましたね」。

■体で考えろ

入社2日目、配属先の第4研究室を訪ねると、3人の同僚が広瀬を待ち構えていた。広瀬を含めたこの4人のなかに、ロボットの専門家はひとりもいない。部屋には2台の製図器があるだけだった。そんな状況のもと、リーダーから「君にはすぐに取りかかってほしい仕事がある。ロボットの設計図を描いてくれ」と告げられた。ロボットに関してはまるで素人の新入社員に、いきなり設計図を描いてくれという会社に面食らう広瀬。そんな彼にリーダーから、「残業はいくらでもしていいから、3日間で仕上げてくれ」と追い撃ちが加わる。

「3日目の午後になっても、全然描けないんですよ。そのとき、ふと人間型の定規が目につきました。これを借りて、人間の正面と横を描き、そのなかに首や関節の動き、それを動かすメカを加えていきました。しかし、いま思うととてもインチキな図で、みんなに『こんな絵、よく描いたなぁ』と馬鹿にされましたよ」

直後の評価委員会には、当時、本田技術研究所の社長を務めていた川本信彦も出席。広瀬は、社長の存在があまりに身近なことに驚き、感激したという。しかし、そんな思いも束の間、プレゼンが終わるやいなや、川本は甲高い声で「さっきの絵はなんだ。こんなの設計図になってない。今日は終わり」と広瀬を怒鳴りつけた。「でも、全然へこまなかったんですよ。社長が自分のような〝ぺいぺい〟を真剣に怒っているって、また感動しました。やはりホンダはすごい会社だと。それから、真面目に頑張ろうと決意したのです」

そうはいっても、ロボットのアイデアは一向にまとまらない。藁にもすがる思いで、広瀬はひとり部屋の中で論文を読みふけっていた。そこに突然現れたのが社長の川本だった。構想図が描けず、論文を読む広瀬に対して川本は「論文なんか読んでもしようがない。会社は体で考えるところなんだ。とにかくつくってみろ」といって、部屋を出て行った。

体で考える――ホンダではよく耳にするフレーズだ。川本の言葉に広瀬ははっとした。「そうだよなぁ。自分は自動製図機をつくってきたんだから、モノを動かすメカは知っている。とにかく設計図を描いてみようと思いました」人間の脚を実測してサイズを割り出し、そこに必要なパーツを組み込んで出来上がった設計図。3ヵ月後には試作機の「E0（ゼロ）」が完成し、ほどなくして足を交互に出して歩いてしまった。最初の一歩としては上出来である。川本も、短期間に上げた成果を喜んだものの、「でもなぁ、こんなゆっくりじゃなぁ。ホンダらしくないな。人間のように速く歩かせたいね」というコメントが返ってきた。

E0は、〝静歩行〟といって、身体の重心が常に足裏に入るように歩く。この方法では、一歩を踏み出すのに5秒以上かかる。歩くスピードを人間並みに上げ、しかも、必ずしも平坦ではない路面に対応するには、重心が足裏を外れる〝動歩行〟の実現が不可欠だ。しかし、動歩行をどのように実現するかは未知の領域だった。

そんな悩みを知ってか知らずか、川本は「人間って上手く歩いているよな」と付け加えたという。広瀬にとって、これがヒントになった。人間の動きを観察してそれをプログラム化すれば、動歩行が実現できるのではないのかと考えたのだ。

■ときには動物園にも

そこで開発チームは、人間をはじめ、さまざまな動物の歩行形態を徹底的に調べることにした。上野動物園にビデオカメラを担いででかけ、一日中ダチョウの動きを眺めていたこともあった。しかし、観察を重ねた末に辿り着いたのは、二足歩行が一番上手なのは人間であるという結論だった。

それからは、観察の対象を人間に絞り、身体に電球を付けて撮影したビデオを見て関節の動きを調べたり、歩行研究のデータを持つリハビリテーションセンターに足を運んで、身体の各部分の役割を調べるといった、人間観察の日々を続けた。その結果、たとえば片足には最低6個の関節が必要で、一方、足の指は必要がないことが判明した。しかし、ロボットは思うようには歩いてくれなかった。

研究が行き詰まっていたとき、メンバーのひとりが夢を見たという。そのロボットは、人間のように踵から着地するのではなく、〝ベタ足〟で歩いていた。その話を聞いた広瀬は、「人間の歩き方にこだわりすぎたのかもしれない」と思った。「踵から接地すると、点や線で接触するぶん、踏ん張りが効かない。でも、ベタ足なら、足の裏全体が地面に接触しているので、踏ん張る力がある。ベタ足歩行に変える意味はあるかもしれない、ということで、さっそくメンバーに相談して、変更したら、一発で歩きました、やった！って感じでしたね」

ベタ足歩行を採り入れたE2は動歩行に成功。はじめは時速1・2㎞ほどだった歩みも、ほどなく時速3㎞に達し、E3へと進化していく。しかし、この時代はまだ平らなところしか動歩行ができなかった。人間なら気にならないような小さな段差でも、ロボットは転倒していたという。

■熱意がひらめきを生む

その後も改良を重ね、Ｅ４の時代には時速４㎞を上回る速度で歩行できるようになった。二足歩行の基礎はほぼ見えてきた。

となると、次に乗り越えるべきは「床に凹凸があっても倒れない」「押されても倒れない」「階段や斜面でも安定して歩行ができる」といった課題だった。これには各種の姿勢制御が不可欠である。安定した歩行のために、とにかく倒れないよう姿勢を制御する――。しかし、これがなかなか思うようにいかない。なにかうまい手はないだろうか……。開発メンバーは24時間、その答えを追い求めていた。

解決の糸口は意外なところにあった。メンバーのひとりがテレビで体操競技を見ていると、着地したときに倒れそうになった選手が、わざと倒れ込むようにしてバランスを取っていたというのだ。ロボットも、倒れそうなときにこれを押し戻すではなく、あえてバランスを崩すことで転倒が防げるのではないか。

この逆転の発想は見事に的中する。床の凹凸を吸収しながら足裏で踏ん張る「床反力制

ASIMO

御」に加えて、足裏で踏ん張りきれないときに、上体を倒れそうな向きに加速させ姿勢を保つ「目標ZMP（ゼロ・モーメント・ポイント）制御」、目標ZMP制御によって生じた上体のズレを歩幅によって調整する「着地位置制御」を組み込むことで、E6では坂道や段差があっても安定した歩行が可能になったのだ。

問題解決に向けて、考えを巡らせ続けていたからこそ見つかった糸口。ひらめきは偶然ではない。メンバーの熱意が解決の糸口を見逃さなかったのだ。

■次のステージへ

E0からE6に共通する特徴は、いずれも人間なら〝脚〟だけの構造で、上半身がなかったことだ。E6で二足歩行技術を確立したホンダとしては次のステージ、すなわち、上半身を持つ、よりゴールに近いロボットの開発段階にいよいよ足を踏み入れる。そこで開発されたのがP1、P2、P3と呼ばれる一連のモデル。Pは「プロトタイプモデル（Prototype Model）」を意味し、それまでの「エクスペリメンタルモデル（Experimental Model）」から一歩進んだ存在であることを示している。

この時代になると、開発メンバーの数はスタート時よりも増えたとはいえ、チーム内の風通しは良く、あうんの呼吸でそれぞれのメンバーが日々の仕事をこなしていった。ときにはメンバー同士が主張をぶつけあうこともあり、そうした場合は作業がストップしたというが、その結果方向性が見え、ふたたびチームが動き出せば、さらに結束が強まるという良い循環を繰り返した。

上半身を付け加えること自体に不安はなかった。「下半身だけで歩行できる段階で、上におもりを載せて歩かせる実験はしていましたからね」

プロトタイプモデルでは、人間型ロボットのあるべき姿、すなわち「人間をサポートする」という目的を果たすために、人間同様、作業ができる腕を2本用意した。これを使って、スイッチをオン・オフしたり、台車を押したり、ドアを開閉しながら通り抜けたり、あるいは腕を使って物を運んだり……といった作業ができるよう、開発が進められていく。

1993年にはプロトタイプモデル1号のP1が完成。人間の腕を参考に開発したP1の腕はさまざまな作業に対応できた。しかし、全高1915㎜、重量175㎏と大きくて重く、また、この時点では電源やコンピューターは外付けだった。これに対し、1995年10月完成のP2は、P1よりもひとまわりコンパクトな全高1820㎜となり、必要な機器はすべて内蔵。世界初の人間型自律二足歩行ロボットの出来上がりである。

そして1997年9月にはP3に進化する。ニッケル亜鉛電池の採用や材料の見直しな

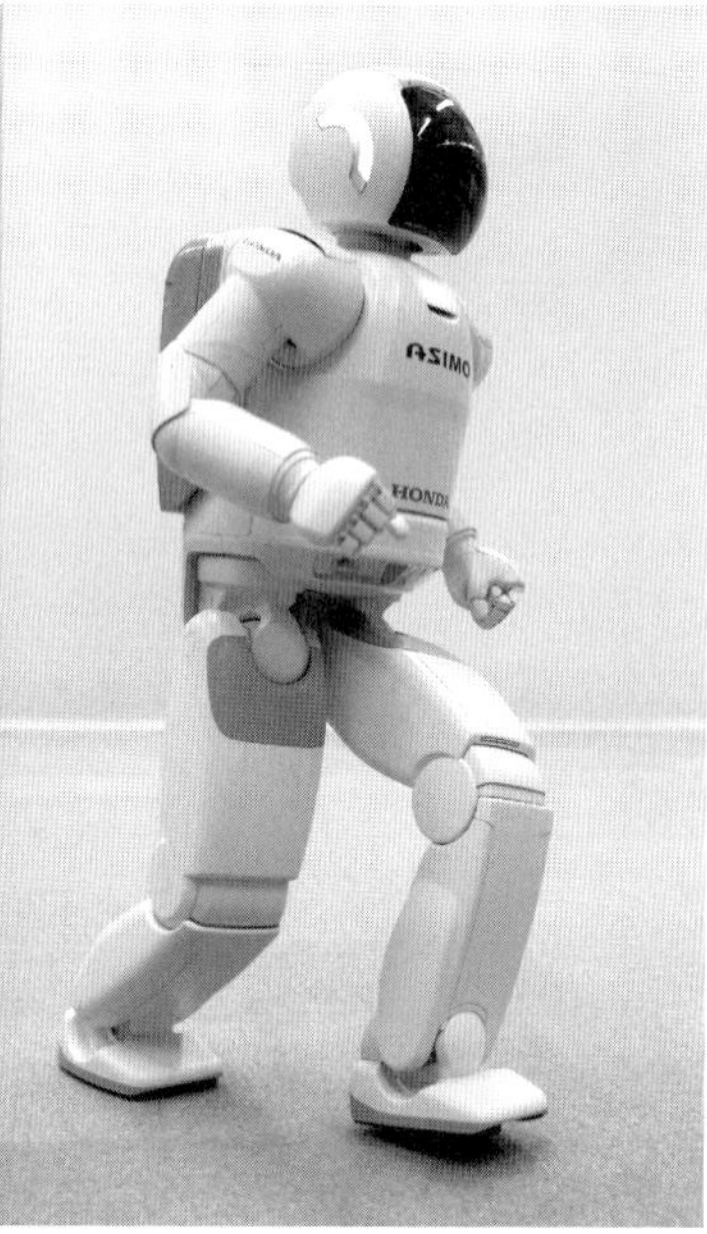

ASIMOは２００５年の「進化」で、最高走行速度が時速６kmに増加。旋回時には遠心力と釣り合うように、上体を傾けて重心位置を内側に移動させて走ることが可能になった。

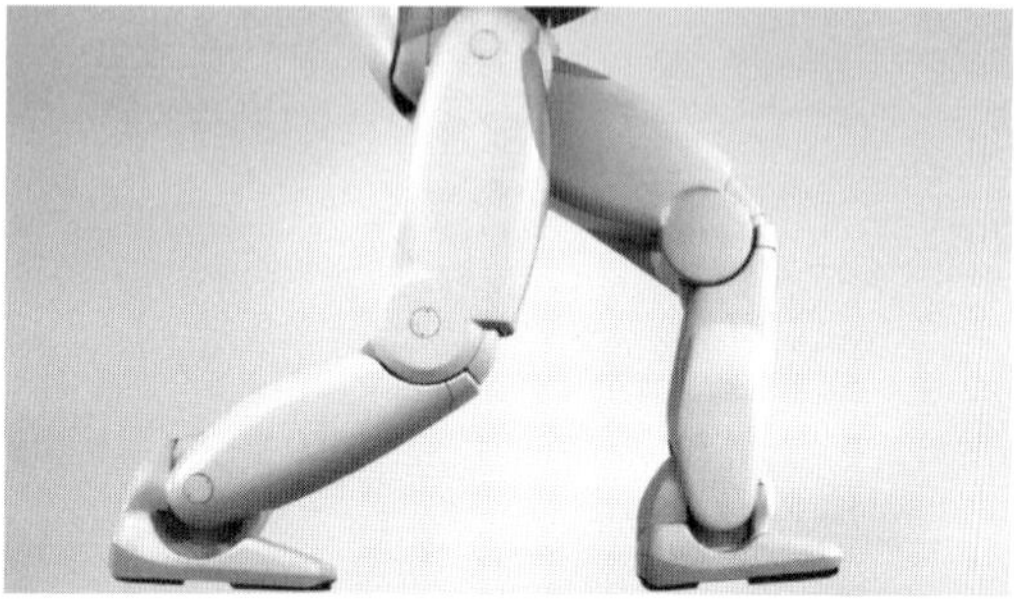

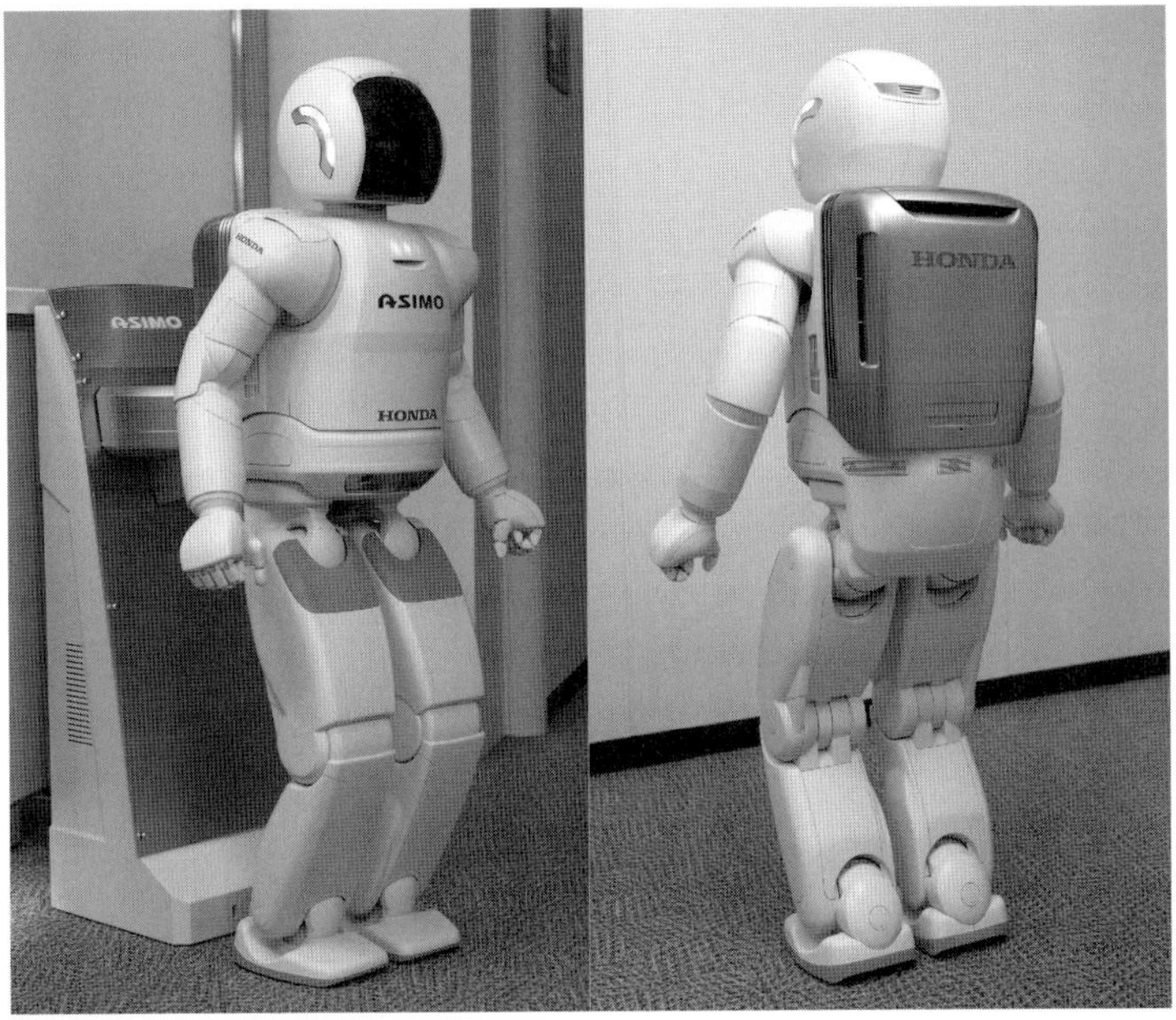

どによって、P2の210kgから130kgに大幅なダイエットに成功。身長も1600㎜と、人間社会に無理なくとけこめるサイズに近づいていった。

P2からP3に進化する途上の1996年12月20日、ホンダは年末社長記者会見の席でそれまで秘密裡に進められていた人間型ロボット・プロジェクトを公表するとともに、P2をVTRで紹介している。初めて姿を見せた人間型二足歩行ロボットに、日本はもちろん、世界の人々が注目した。なかでも、ロボット研究者たちには、計り知れないインパクトを与えることになった。

広瀬が語る。「ある研究者が、Ｐ２は二足歩行ができることを証明したという意味で、非常に大きな役割を果たしたと言ってくれました。実際、Ｐ２が世に出てから、いろいろな研究者が人間型ロボットを手がけ、発表しています。ホンダができたのだから、自分たちでも必ず答えが見つかると皆が思い始めたわけです。一方、われわれは、答えが見つからないかもしれないという不安を抱えながら開発を進めてきました」

開拓者と追従者では、味わう苦労は天と地ほどの違いがある。その苦労を自ら買って出たエンジニアたちの心意気と地道な研究の積み重ねこそが、ホンダの独創性の源なのだ。

■ASIMO登場

そして２０００年、ついにＡＳＩＭＯが登場した。プロトタイプモデル・Ｐ３が出来上がるまでに蓄積したノウハウを生かしながら、実用化に必要な要素を開発するのが目的だ。その特徴としては、「小型・軽量化」「親しみやすいデザイン」「動作範囲を広げた腕」「簡単な操縦性」「より進化した歩行」が挙げられるが、いずれもリアルな人間社会で活動するために必須の性能といえる。「現実の世界で動かさないと、課題はわからない」というのが広瀬をはじめとする開発陣の考えだった。いっぽう、「商品はつくらなくていい。

技術をつくれ！」というのがトップの考えで、広瀬たちは目先にとらわれることなく、人間型ロボットの研究・開発に打ち込むことができた。

2000年に登場したASIMOは、全高120㎝の小柄なボディとより人間に近いデザインが親しみやすさを感じさせる。その一番の特徴といえるのが「i－WALK」技術を組み込んだことだ。

i－WALKはインテリジェント・リアルタイム・自在歩行を意味し、これまでの二足歩行技術に予測運動制御を加えることで、より自然でスムーズな歩行が可能になった。たとえば、P3までは、歩行中に旋回する場合には、旋回の前後で一旦停止する必要があった。直進時はつま先蹴りして足を振りだし、かかとで着地するのに対し、姿勢が不安定になりがちな旋回ではベタ足のまま足を捻って向きを変える、という具合にまるで違う歩き方をしていたのだ。

i－WALKでは、旋回する手前であらかじめ重心を内側に移動させることで外側に倒れないようにした。上半身と下半身をうまくバランスさせて、「8の字歩行」も可能になった。しかも、P3までの時代は記憶されたパターンにしたがって歩いていたのに対し、ASIMOではリアルタイムに歩行パターンを生成し、自在に歩けるようになった。

2年後の2002年には、人やまわりの環境を認識して、自律的に行動できる「知能化技術」を搭載するようになった。これにより、頭部のカメラで捉えた人や物の距離や方向を認識することに加えて、人が指差した場所に移動したり、差し出された手と握手する「ポスチャ認識」、人が手を振るとそれに応える「ジェスチャ認識」、登録された人の顔を識別する「顔認識」、名前を呼んだ人の方向を向いたり、話している人の顔を見て反応する「音源認識」などが可能となった。画像認識技術は、HGFで進められていた自動運転プロジェクトの成果に由来するところも少なくないという。また、インターネットへの接続により情報を入手、リクエストに応じてニュースや天気予報を提供することが可能になった。

■「歩く」から「走る」へ

ASIMOの進化は止まらない。2005年に登場した新型ASIMOは、運動能力が格段に向上するとともに、トレイやワゴンを使って荷物が運べるまでに成長した。

なかでも運動能力の進化は著しく、時速6㎞で走る能力を手に入れている。これを可能にしたのが、着地したときのスリップや空中でのスピンを防止しながらバランスを取る動きで、上半身の曲げやひねりを積極的に取り入れたり、旋回中の遠心力に見あうよう身体を内側に傾けるなど、人間が無意識に行っている動きを見事に実現している。その結果、直線なら時速６km、カーブでは時速５km（旋回半径２・５ｍ）で走ることができる。また、全身を使った素早い動きが可能になった。ダンスするＡＳＩＭＯの姿を見たという人は多いはずだ。ちなみにＨＧＦでは、ＡＳＩＭＯがテーブルまで飲み物を運んだり、「広瀬さん、こんにちは！」と挨拶をしたりと、健気に動き回る姿が見られるという。

ゼロから開発を開始してからおよそ20年、人間型二足歩行ロボットは夢から現実になり、ホンダのＡＳＩＭＯはその代名詞になった。そしてホンダはこれまで蓄積した歩行研究の知識を生かして、「体重支持型歩行アシスト」機器を試作したり、人間型二足歩行ロボットの制御技術を応用した一輪車のパーソナルモビリティ「Ｕ３－Ｘ」をつくり出している。

気になるのは次期型がどんな進化を遂げるかということだが、広瀬は「ＡＳＩＭＯの次期型はありません」ときっぱりと言い放った。「システムとしてひとまず完成を見たＡＳＩＭＯをさらに進化させるのではなく、もう一度原点に立ち返って、ひとつひとつの技術を磨くことが先決だと考えています。いまのＡＳＩＭＯを改善するよりも、それをいったん壊して個別技術を磨いたほうがいい。そうしなければ飛び抜けたモノは生まれません」

その新しい技術が完成したとき、人間型ロボットはわれわれの生活の一部になる。ＡＳＩＭＯのＤＮＡを受け継ぐロボットに会える日が、いまから待ち遠しい。

ASIMO
HONDA

ASIMO
HONDA

脳波で人と機械を結ぶ技術

ASIMOを動かす
脳波のチカラ

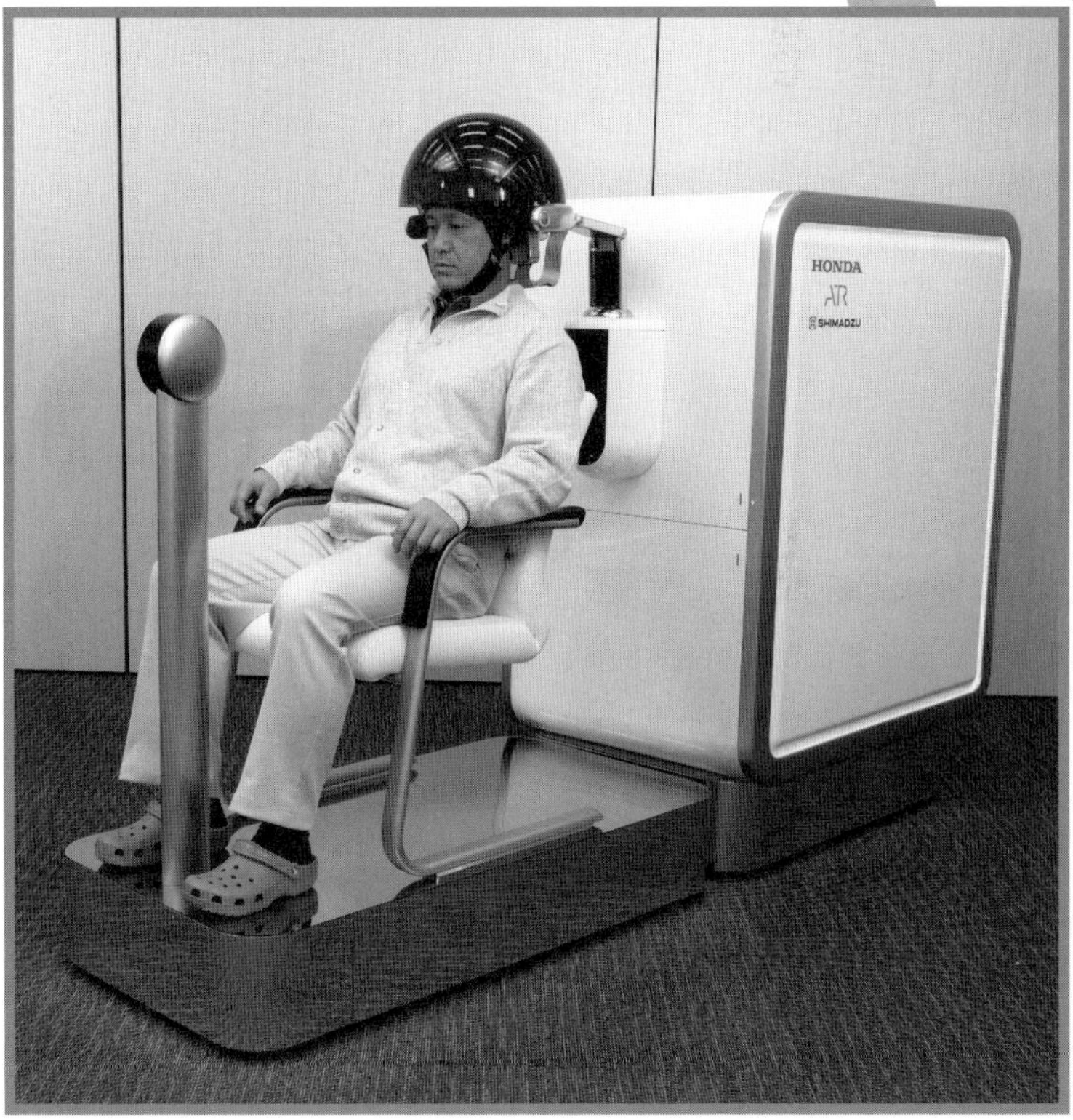

ある動作を頭の中でただ思い浮かべるだけで、機械を自分の意志どおりに動かすことができる……まるでSF小説の世界のようだが、すでに現実の世界では、ひとと機械の間のコミュニケーションが進みつつある。〝ブレイン・マシン・インターフェイス(Brain Machine Interface、以下BMI)〟とは強引に日本語に訳せば〝脳介機装置〟、すなわち、人間の脳とコンピューターなどの機械を直接結びつける、脳科学、計測技術、制御技術の3つが連携した先端技術だ。

最近では、ドイツの大学で実験段階ながら脳波で自動車を操ることに成功したというニュースが飛び込んできた。まだ誰もが操作可能というレベルには至っていないようだが、少なくとも頭に操作を思い浮かべるだけで自動車を動かせたという事実を見れば、BMIは確実に進化を遂げつつあることがわかる。

自動車会社であるホンダも、他分野の企業との共同開発によって、BMIの実現への一歩を踏み出している。いったい、この脳波を使って機械を動かすという〝近未来テクノロジー〟とも言うべき研究に向けて、ホンダを突き動かしたのは何だったのだろうか。

■よりアカデミックな研究分野

２００９年３月末、ホンダは脳科学分野のエキスパートである株式会社国際電気通信基礎技術研究所（Advanced Telecommunications Research Institute International、以下ＡＴＲ）、医療計測機器メーカーである株式会社島津製作所とともに、ＢＭＩに関する発表を行なった。このプロジェクトをまとめたホンダのエンジニアが、株式会社ホンダ・リサーチ・インスティチュート・ジャパン（以下、ＨＲＩ－ＪＰ）の岡部達哉（おかべ・たつや）博士である。現在、氏は株式会社本田技術研究所　基礎技術研究センターの第３研究室　第２ブロックマネージャーとして勤務しているが、ＨＲＩについては追って説明する。

１９７０年生まれの岡部は１９９５年に大学を卒業後、ＪＲ西日本の輸送システムの開発（列車の運転士も経験したという！）に従事した。だが、〝より多くの人を喜ばせるものが作れないか〟と考え、メーカーであるホンダに惹かれて同社に応募。１９９９年６月に株式会社本田技術研究所に入社して、基礎技術研究に携わることとなった。「ホンダってある意味で変わった会社です」と岡部。「新しいものを作って、多くの人を驚かせてやろうというイメージがあって、遊び心がある会社であることが魅力で、社風に惚れました。ホンダは内と外でイメージが変わらないですね」

その後、岡部は２０００年からドイツのＨＲＩ－ＥＵに４年間所属し、２００６年７月にＨＲＩ－ＪＰとの兼務というかたちで前述のＡＴＲに出向することになる。２０１０年4月からは本田技術研究所・基礎技術研究センターのマネージャーを務めているが、岡部は約12年の本田技術研究所在籍期間のうち、ＨＲＩに8年ほど所属していることになる。

現在、岡部は同センターにおいて「計算科学」の分野で新技術を創ろうとしている。ここでは情報処理系の研究者が広い分野について全方位的な研究に取り組んでいる。ちなみに、岡部はこれまで〝進化的アルゴリズム〟と呼ばれる生物の進化の研究に携わり、生物関連の研究を扱っていたこともあって、後にＢＭＩを研究することになった経緯がある。

■ホンダ・リサーチ・インスティテュートとは?

ここで、ＨＲＩについて概要を説明しておこう。ホンダの研究開発会社である本田技術研究所は5つの部門に分かれており、二輪、四輪、汎用、航空機エンジンのそれぞれのＲ＆Ｄセンターとともに、基礎技術研究センターがある。このうち、岡部が所属する基礎技術研究センターは、10年、20年先の新しい技術研究を手がけている部署だ。

「基礎技術研究センターの所属ですから、クルマについて詳しくは知りません。もちろん将来の製品に活かすのが仕事ですが、まだ多少距離があるところにいます」というように、岡部は自動車とは直接的につながりのない研究分野に関わっていることになる。

同センターは1986年に本田技術研究所内に開設された和光研究センターが発端となっている。初期の研究開発では、他の項でも示したように、主に飛行機、自動運転、超軽量自動車などがテーマとして掲げられた。そして発足当初から、人間を正確に理解するために最も難しいと思える脳科学が研究分野として含まれていたという。そして、さらに科学に近いレベルの研究を行なうために、2003年1月にHRI－JPが誕生することになった。

HRIの特徴は、その名に〝D〟(development：開発)の文字がないことからもわかるように、日本、欧州、米国の3極で構成される、かなりアカデミックな会社である。その形態は基礎技術からさらに奥深い学術的な分野に携わるなど、大学の研究室に近いといえ、大学と共同研究を実施して研究や特許取得などを手がけている。ちなみに、HRIの社員には大学から来た教授も在籍し、学生の数も多いことから、イメージとしてはほとんど大学といって差し支えないという。

〝イノベーション・スルー・サイエンス〟を主なテーマとするHRIは、日本ではHRI－JPとして埼玉県和光市と千葉県木更津市かずさ(天候の変化に強い米などを研究)、HRI－EUはドイツ・オッフェンバッハ、HRI－USはカリフォルニア、マサチューセッツ、オハイオにある。岡部によれば、「HRIはサイエンスの領域から革新的なものを作ろうとしています。開発のテーマとして、〝インテリジェンス・サイエンス〟と〝ナノ・サイエンス〟が掲げられていますが、前者は知能という意味で人を知って人を学ぶ、後者は自然を知って自然を学ぶという意味をもちます」ということになる。

■脳と機械を結びつけるBMI

それでは、率直な疑問であるBMIの基本原理から岡部に訊ねてみよう。

「BMIとは、ひとが脳で考えるだけで機械を動かす技術で、一般的には〝念力〟と言い換えることもできるようなものです。BMIとは言葉どおり、脳と機械を直接繋ぐ技術です。われわれはキーボードを使ってコンピューターを操作しますが、BMIではキーボードを用いる代わりに脳を計測します。具体的には、脳の前頭野と呼ばれる部位では自分が何をしたいかという計画を練っていて、その後に筋肉の動きを司る第一次運動野と呼ばれる部位から信号が神経に伝わって筋肉を運動させています。でも、よく考えると、この脳で何がしたいか計画している部分から直接情報を採ることができれば、これを利用して機械を動かす、たとえばキーボードをたたく必要なくコンピューターを動かすことができる。そこで直接脳と機械を繋いでしまおうということになったわけです」

ここでBMI研究の経緯を振り返ると、BMIは1990～2000年代に主に欧米で研究されており、実験では脳に直接触れる脳内電極が多く利用されていた。たとえば、医療分野ではALS(筋萎縮側索硬化症)や脊髄損傷の患者に剣山型の電極装置(センサー)を脳に差し込んでコンピューターなどの機械を動かせるようにした例があり、首から下や身体が動かないひとのQOL(Quality of Life:生活の質)の向上を研究の目的としていた。この方法は侵襲型と呼ばれるもので、当然ながら脳への手術が必要となる。

だが、現実には健常者が普段の生活の中で周囲の機械を動かすために手術をするということはありえない。そこで、身体に傷をつけることのない、頭皮にセンサーを接触させるだけの方式である非侵襲型の研究が2005年あたりから盛んになってきているという。

「われわれは医者ではありませんから、身体に傷を付けることはできません。このために利用が考えられるのが、fMRI(functional Magnetic resonance imaging:機能的核磁気共鳴画像法)のほか、脳磁計(脳の神経活動に伴って発生する微弱な磁場を頭皮上から非侵襲で計測、解析する装置)や近赤外光脳計測装置(Near-infrared Spectroscopy、NIRS)、病院で無呼吸症候群の検査で使われているような脳波計(Electroencephalography、EEG)などです」と岡部氏は解説する。

この共同プロジェクトでは、2004年頃にATRからホンダに対してBMIの概念についてのプレゼンテーションがあり、基礎技術研究センターの当時のトップが、〝脳や知能についての研究も進めておかなければならない〟と考えるなど、脳制御への意識が高い人物だったこともあって、2005年からホンダ、ATRの間でBMIの共同研究が開始されることになった。

■脳の働きを計測する方法

では、それぞれの計測技術の特徴について訊いてみよう。

fMRIでは、病院で見かけるような巨大な据え付け型の筒状装置(作動時には磁場がひずんで〝ゴンゴン〟という音が聞こえてくるようなアレだ)を用いて計測を行う。

「fMRIでは脳内の血流を測定します。ひとには何かを考えた場合に、血流が脳の一部に集まるという習性があります。これを計測すればその際に使われている脳の部位がわかります。ですが、考えてから血流が集まるまでに7~8秒遅れるので時間がかかります。これを〝時間応答性〟が悪いと表現します。いっぽう脳磁計は、脳で活動が行なわれる際に、シナプスと呼ばれる神経系に電子が流れる際に発生する磁場を計測します。この方法は時間応答性はよいのですが、磁場そのものが地磁気の1億分の1程度というわずかなものなので、地磁気を遮断したシールドルームに入らないと計測できません。加えて、脳のどの部位で反応が起こっているのかわからない、すなわち〝空間解像度〟が低いというデ

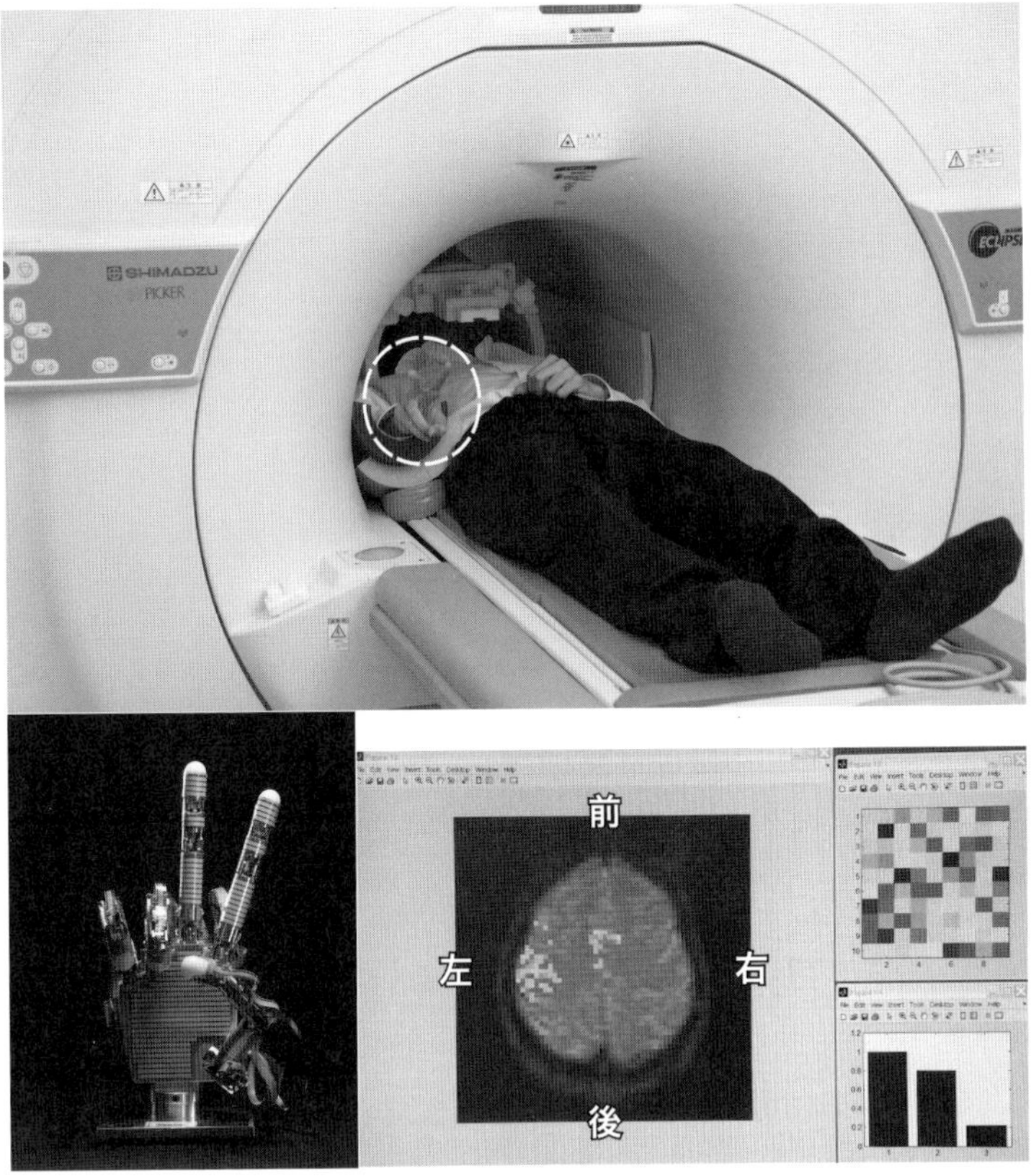

被験者に右手で動作してもらい、MRI装置で脳活動に伴う血流変化を捉え(上)、コンピューターにより脳活動パターンを解析(下右)。その情報をロボットハンドに送り被験者と同じ動作をさせた(下左)。

メリットがあります」

いっぽう、近赤外光を頭の中に照射する手法を採るのがNIRSだ。近赤外光は身体に無害であり、脳の中にこれが入り込むことで脳の血流量を計測することができる。fMRIと同じく空間解像度は高いが、血流の集まり方を見ているため時間応答性は悪いという。

脳波計(EEG)では、電子の流れが頭皮上に漏れる帰還電流といわれる、頭の上を這っているような小さな電流を測定する。脳磁計と同じく、神経系の電子の流れを計測することで時間応答性はよいが空間解像度は低いとされている。

「脳は頭蓋骨の中の脳髄液に浸かっていて、その外に頭蓋骨があって頭皮があります。ところが、脳髄液で電流が広がってしまう。さらに頭蓋骨は電気を通さないため信号が減衰してしまうので、実際には微弱なマイクロ(10のマイナス6乗)ボルト・レベルの信号を採取しなければなりません」

■ロボットハンドからASIMOへ

最初にホンダとATRによるBMIの研究成果が発表されたのは2006年6月のことだった。fMRI装置を用いて、ひとが右手をグー・チョキ・パーと動かすのに合わせて、ロボットハンドを動かすという実験が行なわれた。

このBMI研究の第1段階では、脳が身体を動かそうと指示をして、その結果身体が動くという一連の流れを捉えることを目的としていた。このため、手を動かそうとする脳からの信号が強いため、これを計測することで装置を作動させようとした。すなわち、手を動かすために第一次運動野が最も強い信号を出すので、手を動かした際にその反応を捕捉して得られたデータを使って、ロボットハンドを動かすことに成功したのである。ちなみに、当時はロボットハンドを操作できた確率は85%を実現していたという。

しかし、実際に手を動かすのであれば、手を使ってボタンを操作してもよいのではないか、という素朴な疑問が生じてしまう。そこで次の段階として、考えるだけで手を動かさず、機械を操作できることが目標として掲げられた。

むろん、日常生活の中で巨大なfMRI装置を利用することは考えられなかったので、よりコンパクトな計測装置を設計・製作するために、医療機器メーカーである島津製作所が共同研究に参画することになった。

これらを検討した結果、世界に先駆けて3社が開発したのが、今回採用されたNIRSとEEGを併用した計測装置である。ATRは採取したデータの信号処理技術を使ったアルゴリズム(プログラムにおける作業手順)の構築、島津製作所はNIRSの製作、ホンダはＡＳＩＭＯ側の信号処理とＡＳＩＭＯを実際に動かす制御をそれぞれ担当した。ちなみに岡部は開発途中から研究グループ全体のリーダーとして、ＢＭＩの開発をコーディネートする立場になった。

この装置を用いた計測技術が従来型と何が違うかといえば、前述のように第1段階の〝ジャンケン・ロボット〟では、脳の第一次運動野において、右手を動かす際に使われる左脳のデータを採ったうえで信号処理を施して、ロボットハンドに信号を送っていた。課題としては、ユーザーを拘束して手を動かすことが非現実的なことが挙げられ、さらにロボットハンドでは将来の応用に関するイメージが広がらないため、動かす対象をロボットであるＡＳＩＭＯに変更することになった。

そこで新たに掲げられたテーマは、『小型化』『考えるだけ』『ロボットを動かす』の3点となった。ちなみに、計測装置としてｆＭＲＩは数億円、比較的安価なＮＩＲＳでも億レベルに達するが、脳波計は数十万円単位に留まるという。構造的な特徴としては、小型化されたボックスの中に、島津製作所製のＮＩＲＳ、脳波計、処理用コンピューターなど、機能部品のほぼすべてが備わることが挙げられる。

「現状でもｆＭＲＩに比べれば充分小型軽量ですが、最近の技術の進歩を鑑みて、脳計測装置が進化すれば、もっとコンパクトになるはずだ」と岡部は指摘する。

さらに今回の計測装置は、安全面や冷却性能、短絡防止などで余裕をもたせて設計されているので、機能部分はリュックサック以下のサイズになる可能性もあるとのこと。日本の技術は優れているので電子デバイスの小型化は難しくなく、主な機能部品は加速度的に小さくできるように改良が進んでいくはずと岡部は言う。脳波計は信頼度が年々増してきていることから、NIRSと合わせて総合的に判断するこの手法は的を射ていたといえそうだ。

■「イメージ判別」という手法

新たに開発された今回のASIMOを動かす装置の測定時の特徴をかいつまんで説明すると、人間が思考したときの脳活動を判別し機械を動かすために、脳波と脳血流を計測していることがポイントとなる。だが、計測して得られた画像は見た目にもグシャグシャのデータでしかない。ここで得られた複雑な波形からユーザーが何を考えているかを直接的に判断することは実質的に不可能だ。そこで、このような複雑なデータからユーザーの意図を検出するために、信号処理技術と〝イメージ判別〟を利用するという。

〝イメージ判別〟とは、たとえば、ユーザーが右手を動かすというイメージをして脳活動データが得られたとする。これを事前に貯えておいた他のデータに照らし合わせ、得られたデータがどれと同じなのかを確認するというのが〝パターンマッチング〟と呼ばれる手法であり、これによってデータの意図を判別する。たとえば、生の脳波の波形が入り交じった画像データだと、同じ行為でも各データの〝見た目〟は違ってくるという。それでも、それらのデータの中に重要な情報が含まれているはずなので、それを上手く判別・抽出して利用するのが、この手法の狙いといえる。こうして、ユーザーの意図をくみ取ったうえでコマンドとして信号をコンピューターに送り、さらに動作を指示する信号をロボットに伝えて動かすという、ひとが脳で思考しただけでロボットが動くという一連の流れが出来上がるのだ。

実際のASIMOを使った実験では、被験者が右手・左手・舌・足の4つの要素から任意のものをひとつ選択したうえで、身体を動かすことなく、頭の中でイメージしてもらうことになる。その際の脳の活動データを計測してASIMOの動作を選ぶわけだが、研究初期の成功率は50・2%だったという。研究レベルとしては優れた数値だが、これでは2回に1回命令をきかないことになってしまう。そこでNIRS／EEGの統合とイメージ判別という新たな技術を加え、3社で仕上げたこの装置では90・6%という世界最高水準の確率まで到達できたという。

ちなみに、今回の技術でもロボットが動くまでの反応速度は今回も前回と同じく7〜8

秒と変わっていないが、精度を上げるために脳の血流が安定した状態で計測するので、時間がかかるとのことだ。

さらにASIMOには無線LANで信号による指示が送られるなど、操作系の進化は目覚ましい。

「データを送ってしまえばすべて作業は終了です。われわれが動かす対象として気負いなく使えるくらい、ASIMOを動かすことは難しくありません。ASIMOは現在はさまざまな言語を切り替えて話すことさえできるほど、ソフトは進んでいますから」と岡部は語る。これは余談だが、実験時には動作の信頼度(確率)に応じてASIMOには「たぶんあっていると思いますが」

「間違いありません」「ちょっと自信がありません」など、それぞれの精度に当てはめたセリフが用意されていたことからも、情報の受け皿としてのASIMOの優秀さが窺い知れる。ちなみに、実験を公開した時には、その場にいたスタッフ全員が手を挙げて、手動で操作していないことを証明していたという。

■会社変われば社風も変わる

それでは今回のBMIの研究開発の上で苦労した点を岡部に訊ねてみよう。前述のようにホンダの社員としてグループ全体を率いるリーダーを務めていたために「グループ内で3社の人間が存在すること」が難しかったという。

「プロジェクトの開発当初は一担当者だったのですが、ある時期からグループリーダーになってみると、まったく立場が違いました。リーダーとしてホンダの立場を通してしまうと仕事が上手くいきません。すべての事情を把握して、それぞれの会社に対応しなければなりませんから、そのためにはプロジェクト全体を理解しておかないと、各スタッフの間でのコミニケーションができません。やっかいだったのは、それぞれの会社に合わせて説明の仕方を変えなければならないことでした。説明の骨子である部分の受け取り方が各社で違うので、上手く調整しようとしましたが、ストレスではありましたね(笑)」と岡部は話す。

加えて、それぞれ社風の違いは歴然としていた。ホンダで普通のことがATRや島津製作所では通らないということがそれぞれで起こるので、調整に苦慮したという。「各社を1年間ぐるぐると回り、仕事はほとんど新幹線の中でするような状況でした」と岡部は振り返る。

3社の企業文化の相違を岡部に訊いてみると、ATRは元々はNTTの基礎研究部門からスタートしており(現在はNTTから独立)、その成り立ちは大学に近く、サイエンスの領域に仕事が限られている。いっぽう、ホンダはメーカーとしてサイエンスからモノを作らなければならない。そこに学問とエンジニアリング、それぞれの立場の違いが表われているという。対してホンダと島津製作所も社風に明らかに違いがあり、「ホンダが体育会系なら、島津製作所は文化系といった雰囲気でしたが、ある意味で上手い組み合わせだったかもしれません」と岡部は話す。

「いい経験になったと思うのは、会社が変われば仕事のやり方も変わるというのがよくわかったことですね。JRと島津製作所さんはどちらも歴史のある会社なので雰囲気が近く、ATRは学問的で、個人的には学会の雰囲気を知っていたので、どちらも少しずつではありますが、自分の中で理解できるところがありました」

■さらなるブラッシュアップを目指して

ＢＭＩの研究は現状では医療分野が中心とはいえ、今後は装置の進化によって、応用範囲が周辺に広がっていくことが考えられる。無線ＬＡＮなど電波によって情報を伝達することが容易になりつつある現在、ＢＭＩ技術の他の技術への繋がりが注目されてくるのではないだろうか。

「ＡＳＩＭＯなどロボット技術との相性の良さもありますし、通信技術など外部のコマンド機能が拡充してきているので、操作対象は進化しています。機械は決してロボットだけに限定する必要はありません。それでもたとえばクルマの自動運転となると、このＢＭＩの確率は世界最高水準といっても90％ですから、10回に1度に失敗するようでは厳しいですね。ただし、情報処理能力が上がれば、どんどん進化していくでしょう」と岡部は話す。

それではさらなる将来において、ＢＭＩが進化が予想される要素として、どのような技術領域があるのか訊いてみよう。

「ＢＭＩ研究の真の目的は製品を使っていただくお客様を理解することです。脳を含めた人間のあらゆる要素を理解するために研究を進めています。どんなことが将来ＢＭＩでできるかと問われれば、電気のスイッチのオン・オフなどは簡単にできますし、クルマのトランクを自動的に開けたり、カーナビの操作など自動で目的地を検索するなど、動かす対

ASIMOを動かす脳波のチカラ

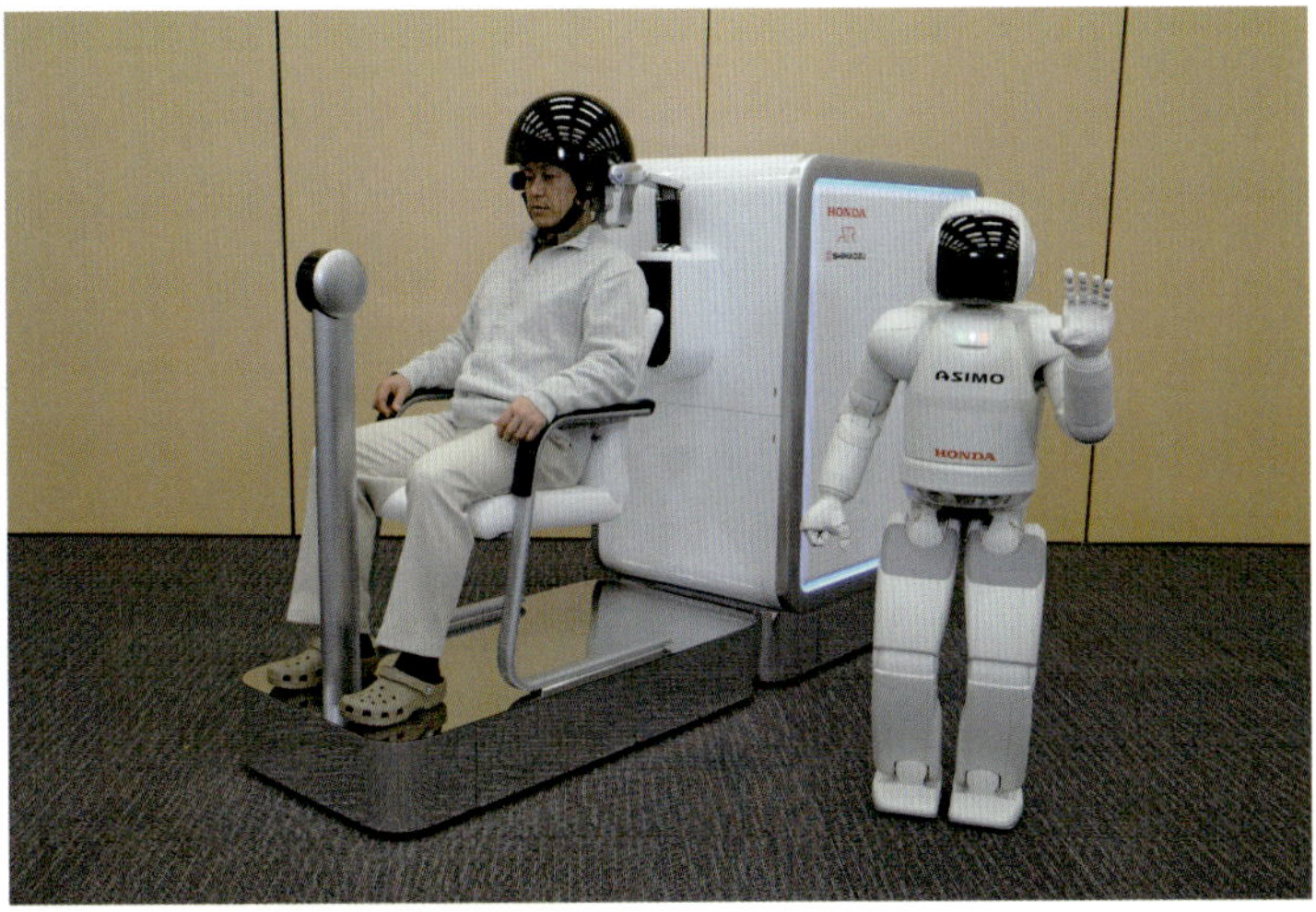

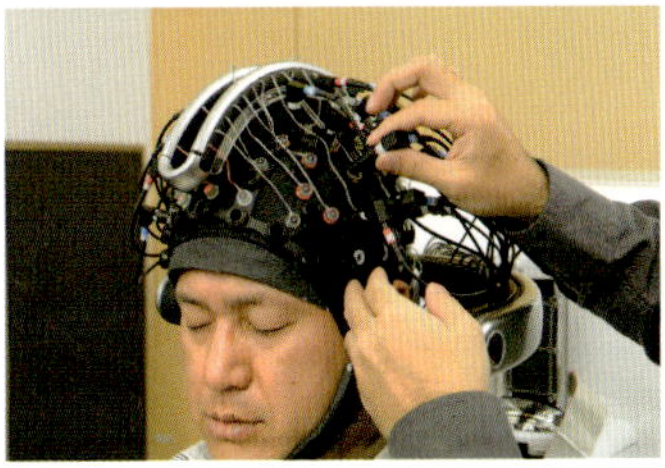

今回の実験では、使用者が頭部にセンサーを装着したうえで、使用者に４つの選択肢から選んだひとつを提示、イメージしてもらう。ここで脳波と脳血流の変化を計測した情報をＡＳＩＭＯに伝えて該当する動作を実施させた。

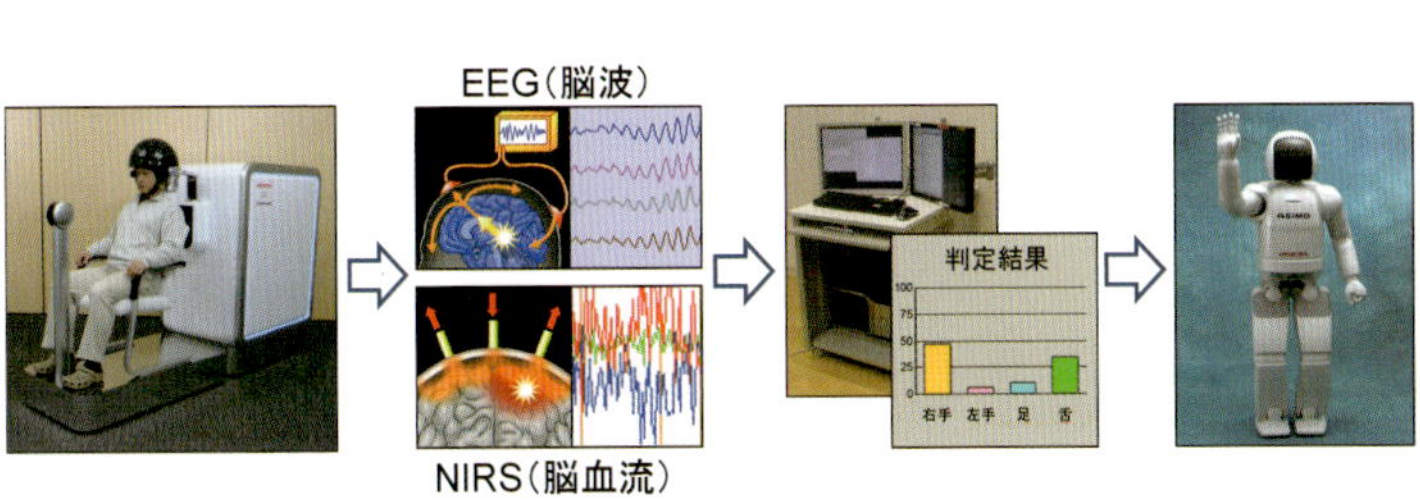

象はなんでもよいのです。家庭で野球中継が見たいと思った時にテレビをつけたり、部屋が暑かったらエアコンをつけられるようになる可能性もあります。たとえば、電車の中などで喋ることなく意図を伝えたり、日常生活の中で鳥や花を見たとき、あるいは新幹線の中で芸能人を出会ったとき〝あの人どこかで見たことあるなあ〟といった場合に、脳の視覚野の情報を起こし、コンピューターに情報を集めることができます。これは〝視覚の再構成〟と呼ばれる技術です。何かをイメージするときには必ず脳は動いているので、その際の脳のイメージのデータを採って、画像化するのです」

すでに2009年には、ATRでは頭の中で思い浮かべた文字をfMRIを利用して脳活動データとして計測、これをイメージとして起こす研究が発表されており、視覚の再構成という技術は単純な夢物語ではなくなりつつある。基礎研究レベルとはいっても、視覚の情報、たとえば誰かの顔を思い浮かべたときの脳の情報などは信号として捉えられているので、その違いを判断できるというのだから興味深い。

この研究がさらに進めば、台所で食器を洗っていて何かを忘れても手が離せないとき、そのひとの意図を検出して、代わりにロボットが分身のごとく動くことができるようになるかもしれない。

最後に、ASIMO以外の機械を動かすことについて、ホンダはどう考えているのか、岡部に訊ねてみた。
「情報を電波で飛ばした時に正確に受けてくれれば、機械としての対象は選びませんが、現在のBMIのレベルでは動作の選択肢は4つしかありません。むしろ今の段階では、検出精度を上げるなど、アプリケーションの応用性を高めるための研究そのものをもっと詰めていかなければなりません。現実的な技術として、BMIでは連続的に機械を動かす研究が進んできています。ATRでは手首の動きの再現を研究しているように、動かす要素は少なくても、連続的に処理することでBMIの選択肢の数を増やすこともできます。われわれの技術の応用先は基礎研究レベルのためにまだ考えていませんが、前述のようにBMIの研究の発端は医療ですから、福祉介護の分野への応用の可能性は高いのではないでしょうか」

このBMI技術はここで採り上げた技術の中で、われわれの現実にとって最も〝遠い〟ものかもしれない。だが、それゆえに、われわれの生活を根本的に変えてしまう未来のテクノロジーともいえる。ホンダがこの技術を今後どのように活用していくのか、長く見守っていく価値はあるはずだ。

（担当：編集部）

PART 3

環境を変えるエネルギー

ホンダソルテックが見据える未来

沸騰する太陽光発電ビジネス

将来のエネルギーをどのように確保していくべきなのか。先の東日本大震災での原子力発電所の事故以来、新たな電力供給の可能性を探し求める議論が数多く見られるようになった。そんな状況のもと、自然を利用した再生可能エネルギーとして注目を集めているのが、太陽電池パネルを利用した太陽光発電である。

ホンダの熊本製作所（熊本県大津町）には、国内唯一となる二輪工場と汎用製品工場に加え、太陽電池パネルの生産工場がある。その研究開発および生産・販売を担う株式会社ホンダソルテック（以下、ソルテック）の代表取締役社長である数佐明男（かずさ・あきお）に、同社が誕生した経緯と、将来への展望について訊いた。

■太陽電池の市場状況

まずは、太陽光発電市場の最近の動きを日本を中心に辿ってみよう。日本の太陽電池の生産規模は、2004年頃までは世界ナンバーワンを誇っていた。むろん、それには理由があり、日本市場では定価500万～600万円する製品価格が設置補助金によって購入価格が半分ほどにまで抑えられていたからだ。ところが2005年以降に政府が補助金を止めたとたん、販売数は一気に下がってそれまでの半分以下になってしまう。その間に欧州では、ドイツ政府が再生可能エネルギーの固定価格買い取り制度(Feed-in Tariff:フィード・イン・タリフ)を導入し、太陽光発電を通常の電力料金の3倍で買い取る施策を打ち出したために販売数が大幅に拡大した。ドイツでは、国民全体の環境に対する意識の高さもあって、ここ数年で太陽光発電の導入が一気に進んだ。この結果、日本は2005年以降では、導入量においてドイツに追い抜かれて世界第2位に転落してしまった。

世界の太陽電池メーカーとしては、ドイツではQセルズ、アメリカではファースト・ソーラー、中国のサンテック・パワーやインリー(2009年の生産量では中国メーカーが上位8社のうち4社を占めた)などといった海外の専業メーカーが、市場拡大とともに優れた商品を送り出したため、2005年以降の時期に日本のシャープ、京セラ、三菱電機、三洋電機などは生産量、販売量ともに海外企業に抜かれてしまったのだ。

ここで紹介するソルテックの会社設立は2006年12月、2007年10月から太陽電池の生産・販売が本格的にスタートした。ホンダが市場に参入した2007〜8年は、市場はいわば最悪の状況にあり、当時日本のメーカーは日本国内の設置補助金制度もなく、生産量の7〜8割が海外への輸出向けとされていた。

だがその後、日本での太陽電池の市場は再び上向き始めた。日本でも２００９年10月から余剰電力の固定買い取り制度が開始され、ついで太陽光発電システムの設置補助金制度が再開されたことが太陽電池メーカーに追い風となった。これによって、太陽光発電の市場はこれまでは年間5万件程度の販売件数であったが、現在では20万件ほどに達するような拡大基調にあるという。

実は政権が変わる度に、補助金制度などによって太陽光発電の普及は加速し続けている。前述のように２００５年に制度が一旦廃止された背景には、政府が導入を補助するための一定の役割を終えたと判断したことがあり、当時は価格が一軒あたり約３００万円（現在は約１５０万円）と、コスト面で普及には繋がらなかったという側面もあった。しかし、前述のように再度始まった余剰電力の固定価格買い取り制度の後押しを受けて、日本の太陽光発電のマーケットは将来に向けて確実に右肩上がりで成長しているのだ。

ただし、太陽光発電は日本での普及率でいえば、一般住宅用においては2～３％に留まっているため、市場としては〝一家に一台〟にはほど遠い。ちなみに、２０１０年では過去から普及が進んでいる佐賀県がトップ（県が導入推進策を採っている）、熊本県、宮崎県がこれに続き、後者の2県は工場のある地場産業を育てるため太陽発電事業を助成している側面もある。

■太陽光で得た電気を売る

ここで太陽光発電装置の基本的な仕組みを説明しておこう。

太陽光発電のシステムは、太陽電池を組み付けたソーラーパネル、電力の変換などを行うパワーコンディショナー(インバーター)、接続箱、これらを結ぶ電気ケーブルで構成されている。一般的な太陽電池は半導体素材の反応を利用して太陽光から電気エネルギーを得ている。太陽光を受けて生じる際の電気は直流なので、交流に変換するためにパワーコンディショナーが必要となる。

次に、電力の売買については、系統連係(発電設備を商用電力系統へ接続する仕組み)として電力会社の送電網に繋がっていることで行われる。平成23年度に導入予定の固定買い取り制度は一般住宅向けの場合、太陽光発電で得た電力を余剰電力として売る際には1kWあたり42円(昨年までは48円)、買う際には24円(深夜電力料金契約時)とされている。つまり、太陽光によって昼間に発電することで、電力事業者の電力を消費せず太陽光による電力が余った場合には、その電力を電力会社が42円で買い取る。そこで夜間に24円で電力を購入すれば差額の18円が得られるということになる。

設置補助制度が施行されていなかった頃は初期投資を回収するのに約20年かかると言われていたが、現在では10年を切る期間で元が取れるようになったという。場所や大きさにもよるが、最近では使用する電力以上の能力を持ったパネルを装着している例が増加しているとのことだ。たとえば、ドイツでは〝屋根貸し業〟が存在し、自分の家の屋根に場所がないから他人の家の屋根にソーラーパネルをつけさせてもらうようなことがあるとのこと。他にも、じゃがいも畑などを太陽光発電施設に変えてしまい、農作物の作付け面積が減少するなどいった問題も生じているという。

■スタートはやはりレース!?

では、なぜホンダは太陽光発電という分野に着目したのだろうか。これには、太陽電池が元々はホンダの基礎技術研究センターで開発されていたことが深く関わっている。

「ご存知のように、ホンダはレースが大好きな会社で、オートバイやF1をはじめ、世界中のレースを手がけています。その中で、1990年に初めて挑んだオーストラリアで開催されているソーラーカーレース『ワールド・ソーラー・チャレンジ』で、2度目の挑戦で1993年に優勝したのが、ホンダでソーラーの名が出た最初でした。ですが、この時のソーラーパネルは、ホンダ自社製すなわち〝Powered by Honda〟ではなく、アメリカのサンパワー(宇宙用太陽電池を開発する大手メーカー)から1枚何十万円という値段で購入しました。そこで社内から〝自分たちの技術でやりたいねえ〟という声が起こったのです」

ちょうどその頃、ホンダは和光研究センター(当時)を設立したばかりだった。そこでは『世のためになる技術』の開発を目指していた。先にも触れたとおり、具体的には、自動車の超軽量化技術、自動運転技術、二足歩行ロボット(ASIMO)、飛行機(ホンダジェット)、環境エネルギー分野では太陽電池、エタノールを生み出すセルロースの開発、食料関連では台風などに強い収穫量の多い米などが研究対象であった。

これらの研究開発は同時にスタートしたとはいえ、ホンダの1980年代半ばから始まった基礎技術研究の中で、いち早く実用化および商業化に漕ぎ着けたのがこの太陽光発電技術である。後にソルテックを率いることになった数佐は「トップからは『世界一ではなくても、世界初をやってくれ』と言われました」と振り返る。

■有望なCIGS技術

こうしてホンダは本格的に太陽電池の開発に乗り出すことになった。そこで目をつけたのが、太陽電池業界ではこの30～40年の間主流だった単結晶/多結晶シリコンに対して、新たな素材として注目されていたCIGSだった。ちなみにCIGSとは、Cは銅(Cu)、Iはインジウム(In)、Gはガリウム(Ga)、Sはセレン(Se)を示す。太陽電池はセルと呼ばれる単位で素材が構成されているが、CIGSではガラスの基板に

2・4ミクロンという従来型の約1／80の薄さで太陽電池の半導体層を形成している。CIGSは製造工程もこれまでのシリコン結晶系素材よりもシンプルとされ、従来型の約半分の製造エネルギー量で生産が可能とされている。

当時、CIGSの理論は構築されていても、実用化には至っていなかった。だがホンダは、将来的には製品としてのポテンシャルは高いと捉えていた。さらに、その間に21世紀に入ったこの10年ほどで環境問題がクローズアップされ始めたことも、ホンダの開発意欲が増した要因といえる。

「ホンダは二輪・四輪、汎用を含め、年間で約2000万基のエンジンを作っています。そういう会社が将来的に企業として存続していくためには、しっかりと環境エネルギーの問題をクリアしなければなりません。いくら商品の環境性能を上げて、最終的にCO_2のゼロ化を実現しても、自動車を作る際の塗装や溶接などではエネルギーが必要です。そこで太陽電池という自然からエネルギーを得る商品を普及させることで、その分のエネルギーをオフセットすることができる。さらにそこから生まれたエネルギーで、ホンダが生み出すモビリティを動かすこともできるとイメージして、これがなければ将来ホンダという存在はありえないと考えました。環境問題という社会的責任を負って進めたわけです。これに背中を押されて、太陽電池の事業化が加速したのです。経営トップの『待てない』

という意向もあり、超特急で事が進みました」

後に1999年には、ホンダは実験室レベルにおいてＣＩＧＳによって19％ほどの発電効率が達成できた。そこで、次にソーラーパネルの製造プロセスの開発に入るため、2000年頃からプロジェクトが研究所からホンダエンジニアリング（ホンダの生産技術など、製造プロセス開発を手がけるグループ会社）に移管されることになった。

こうして事業化は急ピッチで進み、ホンダは2005年に太陽光発電事業の概要を発表、2006年12月には新会社としてホンダソルテックを設立した。ちなみに当時の数佐は、ホンダのモータースポーツ統括責任者の両方を手がけていたとのことだが、ソルテックを率いることになった経緯をこう捉えている。

「私もエンジンの実験に関わるなど研究所の経験を経て、海外プロジェクトを手がけるようになりました。その後は海外の生産工場の立ち上げなどを経験しましたから、生産の仕事がわかる。海外で営業を経験して、商品企画にも携わり、工場やディーラーを立ち上げることもできる。ビジネス全体が見通せる、開発と生産が両方の仕事ができる人間として選ばれたのかもしれませんね。むろん上層部は、将来的に海外でのビジネス展開も視野に入れて決定したのでしょう」

こうして2007年10月にソルテックは、ソーラーパネルの本格的な生産と販売を開始した。基礎研究の段階からホンダエンジニアリングに太陽電池の開発が移管されるまでほぼ10年でホンダ独自のCIGSが開発され、次の5年ほどで一般に販売される量産の実現までこぎ着けたことになる。

■性能向上へのせめぎ合い

これまでの経緯を振り返れば、CIGSの理論構築と生産プロセスに必要な装置の開発に時間がかかったことが、基礎技術研究センターでの研究スタートからソルテック立ち上げまでに20年弱を要した理由だと数佐は話す。

「生産装置の開発はホンダ独自の設計仕様で外注しています。ひとつの会社に機材の研究・開発を任せるとそのまま製造技術などのノウハウまでももっていかれるので、ホンダは装置の仕様をコピーできないように、量産可能な装置の開発をいくつかの会社にわざわざ分割しています。これらの理由もあって、量産サイズのソーラーパネルを生産できるようになるまで10年ほどかかったといえます」

「いくらミニライン・レベルで出来たとしても、量産化というのはまた別物ですから、どうなるかはわかりませんでした。半導体の世界ですから、歩留まりは半分でよいという概算もありましたが、われわれは限界はあるとしても100%を目指すという高い目標を掲

ホンダ熊本製作所内にあるホンダソルテックの太陽電池工場(上)。ソーラーパネル生産の品質管理には写真の完成品検査などを含め、ホンダが培った独自のノウハウが活かされている。

げて進めました。さらに公称最大出力125Wの製品で歩留まりを90％としても、125Wのままでは1～2年経つと商品としての価値を失ってしまう。次の段階では、130Wにして生産効率も上げていかなければなりません」

自動車企業のホンダだけあって、開発の目途がつきゴー・サインが出たら、開発の最終段階とビジネス展開を同時進行で行うことができたというが、ソーラーパネルでは開発と販売はまさに同時に進んでおり、製品を作りながら変換効率を上げなければならない。ソーラーパネルの技術開発では、新しいものは効率が上がって当然、ゴールは常に先へ先へと逃げていくのだ。

「自動車であれば研究所での開発が終了して図面を工場が引き取ったら、あとは工場の責任で品質とコストを確保しなければなりません。続いてマイナーチェンジ、次はフルモデルチェンジと進みますが、ソーラーパネルは違います。ホンダエンジニアリングが開発終了といってもそれではすまない。量産中でも開発を実施していきます。随時彼らがレシピを作って、それに対してわれわれが量産化を進めていく。これを繰り返します。この点で開発と生産をホンダとして一体で実行できるのが強みなのです。たとえば、電機・電子・半導体業界では生産は生産子会社が手がけ、生産子会社がさらに請負会社に出しているように、個々の会社が、開発、生産、販売するだけになっている。子会社の生産現場は請負会社なので、研究しているひとたちは現場とはコミニュケーションできません。いっぽう、われわれは開発・生産兼販売会社ですから、研究開発のスタッフが社内にいて、現場も直接マネージメントしており、請負会社を間に入れていません。自動車会社としては当たり前の考え方ですが、開発と生産それぞれのプロセスにノウハウがあるからです。バラバラに進めているとノウハウが蓄積できません」

■素材を巡る競争

いっぽうで、ホンダはＣＩＧＳを採用した理由として、ＣＩＧＳがいかにも〝ホンダらしい〟、ユニークかつ将来的に有望視される新技術であったことが挙げられる。ホンダはＣＩＧＳの研究を開始した後、学会で発表したうえで実用化の可能性を検討し、従来技術よりも性能で上回る技術であること、当時はホンダしか実用化に向けて動いていなかったことが、ＣＩＧＳの開発を推進するポイントとなった。

「ＣＩＧＳでも世界の数社で生産方法はそれぞれ違います。最終的には安価で高品質な製品を生み出せた会社が勝つのでしょうけれど、ホンダ独特の技術、世界初、世界一の技術を創り上げようとしました。そこに絞って開発を進めていたので、途中で迷うことはありませんでした」と数佐は明言する。

「むろん、経営トップにデータを出して技術的検討を受けるなど、完成にたどり着くまでに時間はかかりました。たとえば、材料の吟味ではカドミウムは発電効率は上がるが使用してはいけないなど、環境に優しい製品を作るのだから材料選択にもそのような観点を入れ、技術者たちに非常に高いハードルを課して、代替となる素材をモノにしようと努力しました。たとえば、シェアトップを争うような海外企業でも環境問題を認識しており、化合物＋カドミウムの素材の組み合わせは価格面では優れていても、いずれは素材として禁止されることを想定しているはずです」

他にも、インジウムはレアメタル（希少金属）のひとつであり採掘するにも手間が掛かる素材だが、このＣＩＧＳに必要な原料の量は限られており、さらにリサイクルも可能なので問題ないという。いわゆる〝都市鉱山〟、携帯電話などに使われることを考えれば、日本は大量に存在するとも捉えられる。それでもインジウムは中国の輸出制限政策に関係しているため、将来的に代替物を探しておく必要があるという。

いっぽうで、半導体素材として普及しているシリコンは世界中に無尽蔵といえるほど存在するが、価格相場の上下動が製品価格に影響してしまうことが懸念されている。一時は専業のソーラーパネル・メーカーがシリコンを買い占めたことがあり、その際にシリコンの価格が暴騰し、日本メーカーが影響を受けたことがあった。このため、彼らは異なる生

産方法を考えるようになった経緯がある。

「薄膜型であれば太陽電池の生産に使われるシリコンの量は一気に１／１００になるので、多くのメーカーがそれに走ったのです。ですが、リーマンショック以降シリコンの価格が下がると、コスト差がなくなってしまった。そうすると、発電効率は従来のシリコン結晶系が13％、シリコン薄膜系が９％程度と勝負にならないので、現状ではシリコン薄膜系の地位が厳しくなってきています。ですからＣＩＧＳが注目されるようになったのは読み通りともいえます。ＣＩＧＳはここ数年で量産化され、事業として成立し始めたばかりですが、マーケットでの存在価値は上がってくるはずです。シリコン結晶系に続く技術としては、次は化合物系だといわれており、実験室レベルでは20数％の変換効率が出ています。最終的に２０２５年には25％に達すると予想されていますが、ＣＩＧＳのほうが製造コストが安いと言われていますので、今後の市場では変換効率と価格の両面で、競争が激しくなるでしょう」

■きめの細かい販売対応

対して、ビジネスの側面から見ると、ホンダはソーラーパネルを販売するノウハウをもたなかったことで苦労はなかったのだろうか。

「われわれはヨーイドンで、生産・販売を同時に実施しましたが、生産を一気に増やすのではなくて、販売の増加が生産を引っ張るかたちを採りました。たくさん在庫を抱えてしまわないように無理をせず、最初の3年間ぐらいはテストを兼ねて、販売網を構築しつつ商品をモニターし、要望を取り上げながらビジネスを進めました」

ちなみに、ソルテックと顧客の間には販売代理店しか介在しない。建築業界では、製造から販売まで様々なルートが複雑に存在し、商社などがフランチャイズや代理店制度を採用して、販売店も様々な業種も参入しているので、販売チャンネルが複雑になっている。

「ホンダとして初めてつきあう業種が多いですから、販売店を作るためには、お客様に決

HONDA

して迷惑をかけないことを念頭に、設立当初は３０００件ほどのアンケートを実施して、不信、不満、不安を取り除けるよう、信頼ある販売網を構築しようとしました。そこで太陽光発電システムの施工には資格をもつ人を必ず配置するようにして、最終的に店舗にいて工事のＯＫを出してもらいました。電気工事士と建築士の免許を取得してもらい、ソルテック独自の認定制度の３泊４日の講習を受けてもらったうえで採用します。販売店がそれぞれを途中で卸が入らずに、お客様の顔が見えるシステムを作り上げたので時間が掛かりました。具体的には、今後は国内で年間１００件、３年で約２５０店を作り、販売を加速していく予定です」

それでは、現状で個人を中心としたソーラーパネルのマーケットはどのように動いているのか、数佐に訊いてみた。

「今は３００万円払ってでも環境に優しくありたいというひとが出てきています。それでもまだ価格は高いですが、持ち家があるわけですから割と経済的に余裕があって、なおかつ環境に優しくありたいひとが購入層といえるでしょう。たとえば、２００万円を屋根の上に投資しても10年で元が取れるなら、借金してでも買おうと考えるわけです。新築は初期から屋根にソーラーパネルを組み込めますから、工事費はゼロで既築の住宅よりも有利です。既築の場合はどうしても屋根に設備を組み込むための工事費がかかってしまい、それだけで70万～80万円かかってしまうのが難点です。太陽電池パネルの耐久性については20～30年とされていますが、われわれのテストでは変換効率は20年で概ね20％ダウンします。日本製は10年で10％落ちるという評価がありますが、ＣＩＧＳは10年ではシリコン製と違って、それほど発電性能が落ちることはありません」

■個人のためのビジネス

その他にも、ホンダらしいこだわりはいたずらにマーケットを拡大しないことにも表れている。他社に誇りうる技術をもつにもかかわらず、ホンダは企業向けに電力を販売する大規模な太陽光発電ビジネスに手を広げようと考えてはいないのだ。

「ソーラーパネル単体を生産するかもしれませんが、大規模発電事業には参入しないし、関与もしません。太陽電池はホンダ全体のビジネスを左右しない、環境先進事業として企業広告的に仕事を進めています。日本の多くの太陽光発電を主力事業にしている企業と量では勝負はしませんし、いまは量をこなすような時期ではありません。ホンダは生産量では勝負せず、世界一の技術と製品の質で勝負します。太陽電池技術は発展途上なので、一度お金を掛けてしまったら、現在ある生産設備を利用して次のステップへ進むことは難しいのです。われわれのプロトタイプでは、発電効率は13・6％と従来のシリコン結晶系のレベルに達していますが、現時点ではシリコン結晶系の製品と勝負できるかといえば、互角には戦えません。次世代の製品を生産するために1000億円規模の追加投資はできないし、そういう経営規模ではありませんから」

後の項で紹介するように、ホンダは将来のモビリティのためのエネルギー源の本命として水素を利用した燃料電池にこだわっており、太陽電池もその取り組みに関わってくる。

「電気自動車のように、バッテリーに蓄電して、電気がなくなってまた充電というのは、自動車屋からする無理があるように思えてしまうのです。市場が存在し必要だから開発は進めますが、やはり自分たちでエンジンや燃料電池の開発を手がけようと考えています。太陽電池は簡単に電気を作ることはできますが、貯めることは難しく、好きなときに好きなようには使えない。そこでカギとなるのは水素だろうと捉えています。それぞれの家で太陽光発電システムを使って電力を生み出し、水を電気分解すれば水素ができる。これによって水素供給ネットワークを構築したい。小型のソーラー水素ステーションを各家庭に1台備えるようにして、水素を使って家庭内で発電する。太陽が出ているときに水素を作っておけば、自動車の使用にも回せるのです」

ホンダはソーラーパネルを、必要なエネルギーを必要なだけ作る、自給自足、家産家消、まさに分散型エネルギーの供給源として最適と捉えている。そして「ソーラーパネル

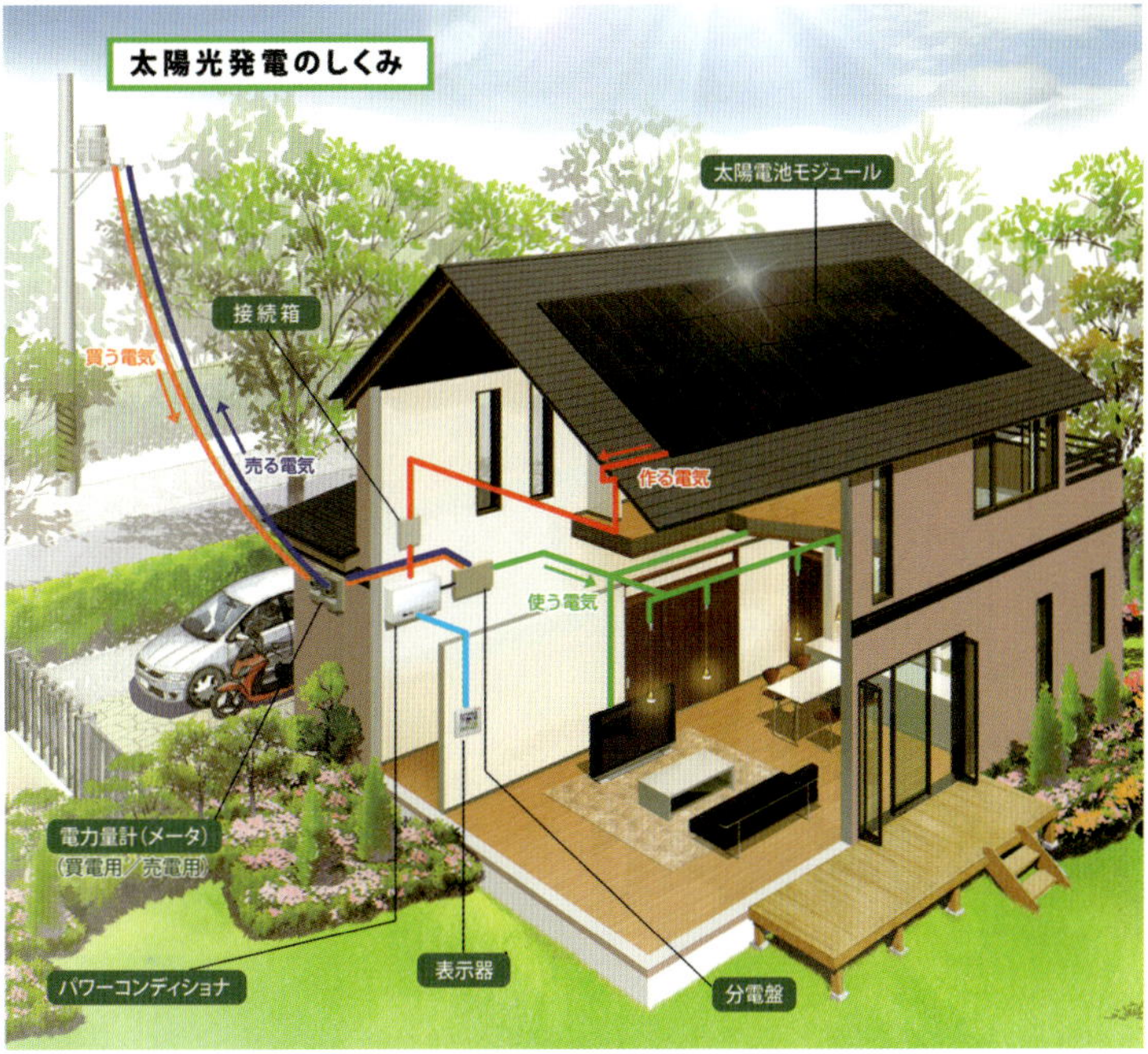

太陽光発電システムは、太陽電池パネルで発電した直流電力をパワーコンディショナーによって電力会社と同じ交流電力に変換する。そのうえで分電盤などを介して家庭内で使用できるように供給する。

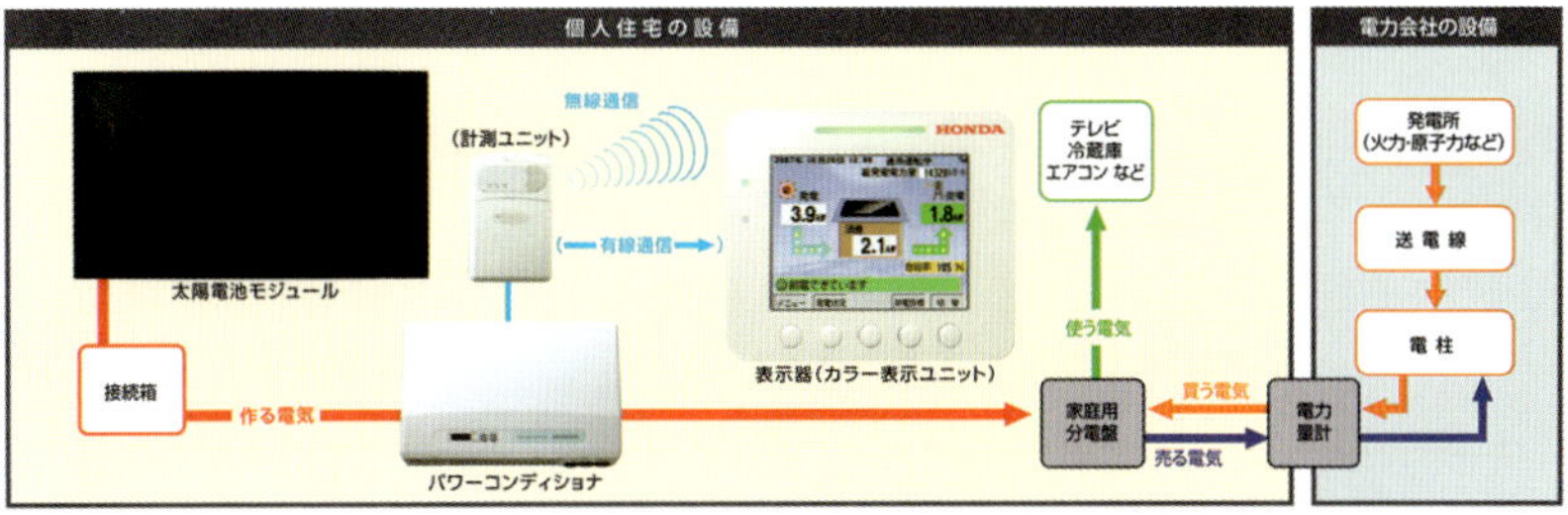

はいわば個人用の発電所です。われわれは家庭で使われることにこだわって、太陽電池を普及させたい。ソーラーパネルはメインテナンスフリーでオイル交換なども要らない。お年寄りの家庭でも放っておけばいいのですから」と、あくまで個人での使用を念頭に置いてビジネスを進めていくという。

「将来的には、自ら作ったエネルギーでホンダのモビリティ商品を使えるようにしたいのです。ホンダの理念は二輪も四輪も基本的に個人ユーザーですから、企業や法人向けの産業用はあまり得意ではありません。なぜなら、創業者である本田宗一郎は〝個人のユーザーはポケットマネーを使って一番厳しい目で商品を買うのだから、品質に厳しい。あくまで個人のお客様に使ってもらうのがホンダの商品だ〟と考えていました。ですから、この太陽光発電システムも基本は個人がメインの一般住宅用システムを製造・販売しています。個人の戸建ての家に屋根は必ずありますから、ちょうどよいサイズとして個人宅でまかなえる製品を扱っているのです。あくまでも8割は一般住宅用で、企業のお客様は2割だけです。たとえばホンダの生産工場など、環境事業のうえで企業向けや産業用的なニーズにも対応していきますが、それでもビジネスの軸足はあくまで一般住宅用の個人向けですね」

（担当：編集部）

燃料電池車「FCXクラリティ」

水素がもたらす近未来

生方 聡／MOTORING

ガソリン車に代わる〝究極のエコカー〟として、地球温暖化対策の切り札と位置づけられる燃料電池車。２０１５年には量産化を目指すという日本の自動車メーカーのなかで、ひときわ存在感を示しているのがホンダであり、その最新の成果が「ＦＣＸクラリティ」だ。燃料電池車開発のヒストリーと未来にかける思いを、開発責任者の株式会社 本田技術研究所 四輪Ｒ＆Ｄセンター ＬＰＬ 上席研究員の藤本幸人(ふじもと・さちと)に聞いた。

■あの日、ボクは未来を体験した

２００９年11月のある日、ボクは九州自動車道を北上していた。東名高速に比べると行き交うクルマの数は格段に少なく、車窓にはのどかな風景が延々と広がっている。そんな心癒されるはずの環境にもかかわらず、ボクはひとり興奮していた。無理もない、ボクがステアリングホイールを握っていたのは、水素で発電して走る、排ガスや二酸化炭素をいっさい出さない究極のエコカー、「ホンダＦＣＸクラリティ」だったのだ。

２００５年秋の東京モーターショーに次世代燃料電池車として「ＦＣＸコンセプト」を

HONDA
H2O

HONDA
品川301
も・7 05

出展したホンダは、２年後の２００７年11月に開かれたロサンジェルス・オートショーでその市販版となる「ＦＣＸクラリティ」を発表。翌２００８年の７月にはアメリカで、11月には日本でリース販売がスタートしている。

とはいうものの、少量限定生産のＦＣＸクラリティを借りだして、街中から高速まで丸一日乗る機会など、われわれ自動車メディアに関わる者でも滅多にない。それがこの日は、鹿児島から福岡まで、九州縦断のドライブができるというのだから、興奮せずにはいられない！

それまで、燃料電池車といえば、背の高いＳＵＶ（スポーツユーティリティビークル）や２ボックス車を改造したものばかりだった。ところが、ＦＣＸクラリティは独自にデザインされたセダンタイプのボディと専用の〝スターガーネットメタリック〟のカラーとの組み合わせがとても新鮮で、来るべきクルマの新時代を予感させるには充分な雰囲気に包まれていた。

インテリアデザインもまたしかり。しかし、一番の興奮はその運転感覚で、発進からきわめて静かでスムーズ、しかも力強い加速は、どんな高級車よりも上質な印象である。バッテリーで走る電気自動車（ＥＶ）のように、重たいボディを硬いスプリングで無理矢理支えるような不自然な乗り心地とも無縁だ。運転席と助手席のあいだに置かれた最新の燃料電池システム「Ｖ Ｆｌｏｗ ＦＣ ＳＴＡＣＫ」により、リアルタイムで発電された電気がこのクルマを動かしていると考えるだけでもワクワクする。

ＦＣＸクラリティを運転していると、まだだいぶ先と見られている燃料電池車の時代が、目の前にあるように思えてくる。もちろん、燃料電池車の量産化、そして、普及には、インフラの整備なども含め、まだまだ超えなければならないハードルはたくさんあるのだが、ＦＣＸクラリティが自動車の未来に希望を与えてくれるというのは、紛れもない事実だろう。

そんなＦＣＸクラリティをはじめ、その起源であるＦＣＸ－Ｖ１／Ｖ２の時代から、ホンダの燃料電池車開発に携わってきたのが藤本である。

■ずっとホンダが好きだった

小学生のころから自動車雑誌を愛読し、「中身はよくわかりませんでしたが、きれいな写真を見ては〝いいな、いいな〟とわくわくしていた」という藤本。「その当時、ホンダはＦ１に参戦していたり、四輪のＳ５００やＳ６００を世に送り出したりしていて、自動車少年にとっては特別というか不思議な会社でした」そして中学時代、ふだんトヨタや日産のクルマばかり見かける地元の街で、初代シビックを見かけたときの印象がいまでも忘れられない。「ちょっと〝クラウチング〟なスタイルがカッコよかったんですよ。あらためてホンダに興味を持つようになりました」

このあたりからクルマへの思いが強まり、大学は機械系の学科に進み、「将来はホンダでエンジンをやりたい」と考えるようになったという。願いは叶い、1981年に本田技術研究所に入社。配属先は希望どおりのエンジン開発部門で、以来、アコードやシビックのエンジン開発に携わった。

そんな藤本に転機が訪れたのは、1998年のこと。「ある日突然電話で呼び出されて、〝燃料電池車をつくれ〟といわれたんです。〝フューエルセル〟という言葉すらわからず、〝FC〟といったらフューエルカットくらいしか思い浮かばない私にですよ。思わず『えっ、私にいってるんですか？』と聞き返しましたね」

1980年代の終わりごろから、ホンダは和光にある基礎技術研究センターで燃料電池の研究を始めていた。将来、大きな課題になるはずの化石燃料の枯渇や地球温暖化に対応する代替エネルギー車の開発は、自動車会社の生き残りに不可欠と考えたからだ。

燃料電池は古くは1960年代にアポロ宇宙船などで使われ始めたシステムで、電極などを備えるセルと呼ばれる部品(これを組み合わせたものをスタックと呼ぶ)を利用して、水素と酸素を反応させて電力を生み出す装置だ。燃料電池の反応から生み出されるのは水

燃料電池車のＦＣＸクラリティのインテリア）（上）。メーターパネルの表示変化など、未来的かつ洗練されたデザインが施されている。フロントにはパワードライブユニットや駆動モーターなどを装備する（中）。

だけであり、排ガスを出さないことが、燃料電池が自動車の新たなエネルギー源として注目された大きな理由といえる。

1998年にはオデッセイをベースに、ホンダ初の燃料電池車「V0(ゼロ)」が開発された。運転席・助手席のうしろはすべて燃料電池に埋め尽くされ、「動く化学プラント」と呼ばれたというのはよく知られた話だ。

そんなホンダの燃料電池車が本格的な開発段階を迎えたのが、ちょうど1998年だった。自動車業界は、1990年半ばにはEVの開発ブームを迎えていたが、実際にはバッテリーとバッテリーEVの性能の限界に直面していた。排ガスを出さない理想のクルマとして注目されたEVは、現在より性能の劣るバッテリーでは航続距離が稼げず、また、急速充電といっても数十分の時間を要した。これでは用途が限られる。ところが、燃料電池車なら比較的短い時間で燃料補給ができる。そこに、パーソナルモビリティの可能性を見出したホンダは、燃料電池車の開発チームを結成。その一員として、藤本はパワープラントのまとめ役として抜擢されたのだ。

青天の霹靂に藤本は「驚いたのは事実です。しかし、根っから新しいモノ好きなので、うれしいという気持ちもありました。同僚が隣で新しいことを始めたら、羨ましがるタイプですので」。

■手はじめに1年で2台

そうはいっても燃料電池車は門外漢の藤本は、「1年くらいは勉強の時間があると高をくくっていた」のだが、現実はそう甘くない。その年にホンダの社長に就任した吉野浩行が、翌年の東京モーターショーで燃料電池を搭載した実験車を発表するとともに、ジャーナリスト向けのミーティングでそのクルマを試乗させるとぶち上げたのだ。しかも開発チームは、タイプの異なるふたつの実験車をつくらなければならない。すでにカウントダウンは始まっていたのだ。

2台の実験車はいずれも1996年に技術発表を行っているホンダの電気自動車「EVプラス」をベースとするが、燃料やその搭載方法、そして燃料電池はまるで違っていた。「FCX－V1」は、水素を燃料とするタイプで、水素の貯蔵には水素吸蔵合金タンクを用いた。水素吸蔵合金は、条件を変えると水素を取り込んだり放出したりする金属のこと。われわれが普段使うニッケル水素バッテリーなどにも採用されるほどポピュラーなものだ。燃料電池は、当時の業界標準といわれたカナダのバラード社製のものを搭載している。

もうひとつの「FCX－V2」は、メタノールを燃料とし、そのメタノールから水素を取り出して燃料電池に供給する方法を採用する。メタノールから水素を取り出すために、

改質器と呼ばれる小さな化学プラントを車載しなければならない。このFCX－V2にはホンダ製の燃料電池が組み合わされた。

開発チームは、これらふたつの実験車を1999年9月に公開した。「何もなかったように装いましたが、FCX－V2はジャーナリスト・ミーティングの4日前にやっと動きましたし、当日の朝にはトラブルに見舞われました」しかし、藤本は「絶対に間にあわせるぞと思いながら仕事をするのが、楽しくてしようがなかった」という。「私の役目はシステムをまとめあげること。マラソンならアンカーの仕事です。勝つも負けるもアンカー次第。そう思うと、とてもやりがいのあるポジションでした」

ジャーナリスト・ミーティングでは、FCX－V1を試乗させることができたが、一方のFCX－V2はデモ走行がやっとの状況だった。それでも、すでに燃料電池車を公開していたダイムラーをはじめ、トヨタ、日産、マツダ、GMなどに、ようやくホンダが追いついたことを示すには充分だった。

■高圧水素に一本化

あれこれ考える前に、とにかくつくってみる。そんなホンダの社風とエンジニアたちの熱意によって、1年で2台の実験車を仕立て上げた開発チーム。その甲斐あって、燃料電池車が抱える問題を現実のものとして捉えることができた。

たとえば、メタノール改質型のFCX－V2は、改質器の始動に数十分かかるうえに、メタノールから水素を取り出す際に排ガスや二酸化炭素を出してしまう。「燃料電池車を開発する狙いは排ガスも二酸化炭素も出さないクルマをつくるためですから、メタノール改質型の燃料電池車はありえない、という結論に辿りつきました」

いっぽう、FCX－V1は水素の搭載に改善すべき点があった。水素吸蔵合金タンクは、1kgの水素を貯めるのにタンクが200kgになるほど重量が嵩むのが弱点だった。航続距離にも不満が残る。

そのころホンダでは、2000年から米国カリフォルニア州で始まる燃料電池車公道テストプロジェクト「カリフォルニア・フューエル・セル・パートナーシップ（CaFCP）」に参加する準備を進めており、そのために、公道走行が可能な新しい燃料電池車の検討を行っていた。純水素型の燃料電池に絞るのはいいが、水素の搭載方法をどうするか？ 悩む藤本に、開発メンバーのひとりが、「シビックGX（天然ガス自動車）の高圧ガス貯蔵技術を使ってみましょうよ」と提案したことをきっかけに、プロジェクトは転がりだす。

「FCX-V3」と名づけられた新型には、先と同様、バラード社製とホンダ製の燃料電池が用意される。そして、技術的なトピックとして、ニッケル水素電池の代わりに、ウルトラキャパシタを搭載したことが挙げられる。

「V1／V2では、わりと大容量のニッケル水素電池を搭載して、燃料電池をアシストして走っていました。それに対してV3は燃料電池でしっかり走るクルマにしたいという思いがありました。ただ、モーターで走るクルマですから減速時に得られる〝回生エネルギー〟を捨てるのはもったいない。そのエネルギーはアシストに使えるわけですからね。そんなとき、ハイブリッド車の開発で研究していたウルトラキャパシタが目に止まり、シミュレーションを行うと、燃料電池車との相性がとてもいいことがわかったのです」

250気圧／100リッターの高圧水素タンクとウルトラキャパシタを手に入れたFCX－V3は、V1／V2の発表からわずか1年後の2000年9月に、まずはバラード社の燃料電池を搭載したクルマが完成。11月からカリフォルニア州の公道を走り始めた。その3ヵ月後となる2001年2月、ホンダ製の燃料電池を積んだ「FCX－V3 with HONDA FC Stack」がCaFCPプロジェクトに投入された。性能は、最高速は130㎞／h、航続距離180㎞。始動時間も30秒と、なんとか実用的なレベルに仕上がった。

■市販まであと一歩

しかし、開発チームに息を抜く暇はなかった。1999年に開催された件のジャーナリスト・ミーティングで、当時の吉野社長が2003年に燃料電池車を実用化すると宣言していたのだ。2003年といっても実際には2002年中には実用化に漕ぎ着けなくてはならない。

これを睨んで2001年9月に発表したのが「FCX－V4」だ。このクルマは、外観こそFCX－V3とそう変わらないが、燃料電池システムをはじめ、高圧水素タンク、足まわりなどを一新。たとえば、高圧水素タンクは新設計の350気圧対応の130リッタータンクを床下に配置して荷室スペースを確保。航続距離は従来の180㎞から300㎞へと大幅にアップした。また、最高速は130㎞/hから140㎞/hに進化、同時に加速性能も向上している。

カタログ性能以上にこだわったのが衝突安全性だ。市販するからにはきちんと衝突実験をするというのが、彼らの考えだった。「FCX－V4は、おそらく世界で初めて衝突実験を行った燃料電池車でしょう」とくに心配したのが、追突時に高圧水素タンクの安全を保つことができるかどうかだ。

この問題をクリアするために開発チームが考えたのが、リアサスペンションのモジュール化。頑丈なサブフレームに2個の高圧水素タンクを固定し、これにマルチリンクのサスペンションを取り付けるという方法だ。これは1998年のアコードに採用されたサスペンションにヒントを得たもの。ちなみに、このアコードの開発を担当した加美陽三が、燃料電池車の開発責任者としてチームを率いてきた。

そして、衝突実験は見事成功。一新されたリアサスペンションのおかげで、FCX－V4は運動性能も格段に向上した。「ある人に、FCX－V3は加速は良いけど、走りはホンダらしくないね、と指摘されたことがあったんです」安全性のこだわりが、ホンダの面目躍如たる走りをもたらしたことになる。

■市販の証

開発チームは、FCX－V4の性能をさらに磨き上げ、市販型の「FCX」をつくりあげる。最高速度はさらに10㎞／h上がって150㎞／hに、また、高圧水素タンクの容量を156・6リッターに増やすことで航続距離は355㎞に伸びた。

2002年12月2日、ホンダはこのFCXを日本の内閣府とアメリカはカリフォルニアのロサンジェルス市に納車。日本、アメリカのセレモニーには、当時の吉野社長が出席。日本のセレモニーのあと、すぐにロサンジェルスに飛びたち、同日納車をやってのけた。台数こそ限られているとはいえ、FCXの市販化は、ホンダが燃料電池車の歴史に刻んだ大きな一歩である。

いっぽう、開発チームは、ホンダが世界で初めて燃料電池車を市販した証として、EPA（米国環境保護庁）が発行する「2003年版燃費ガイドブック」にFCXを載せようと考えた。アメリカで市販されるクルマがすべて掲載されるこのガイドブック、2001年に発行された2002年版には燃料電池車の項目はなく、FCXが掲載されれば燃料電池車としては初の登場になる。ここでひとつ問題になったのが、燃費の単位をどうするか？アメリカの燃費はmpg（マイル・パー・ガロン）が一般的で、水素のエネルギー量をガソリンに換算するというのが無難なやり方ではある。しかし、藤本は「燃料電池車の燃費を

ｍｐｇで表示してほしくない。新しいクルマなのだから、新しい単位で表示したい。絶対変えたい、ということで、水素１kgあたりの走行距離であるｍｐkgＨ２を提案しました」

そんな地道な努力が実を結び、２００２年10月発行の「２００３年版燃費ガイドブック」には、燃料電池車としてただひとつ、ＦＣＸの名前と燃費データが誇らしげに記されている。

■まだ半人前

約束どおり、２００３年モデルで燃料電池車を市販に漕ぎ着けた開発チームなのだが、「私には心残りがふたつありました。ひとつは燃料電池がホンダ製ではなく、バラード製だったこと。そして、もうひとつが、氷点下で動いていないことです。まだ半人前でした」と藤本が洩らす。

ＦＣＸを一人前に格上げするために、開発チームの仕事は続けられた。そして２００３年10月、自前の燃料電池「Ｈｏｎｄａ ＦＣ ＳＴＡＣＫ」を開発し、ＦＣＸに搭載。新開発の燃料電池は、電解質膜をそれまでのフッ素系からアロマティック(芳香族系化合物)と呼ばれる新素材に変えることで、マイナス20℃からプラス90℃の温度域で発電が可能となった。同時に耐久性能の向上も果たしている。

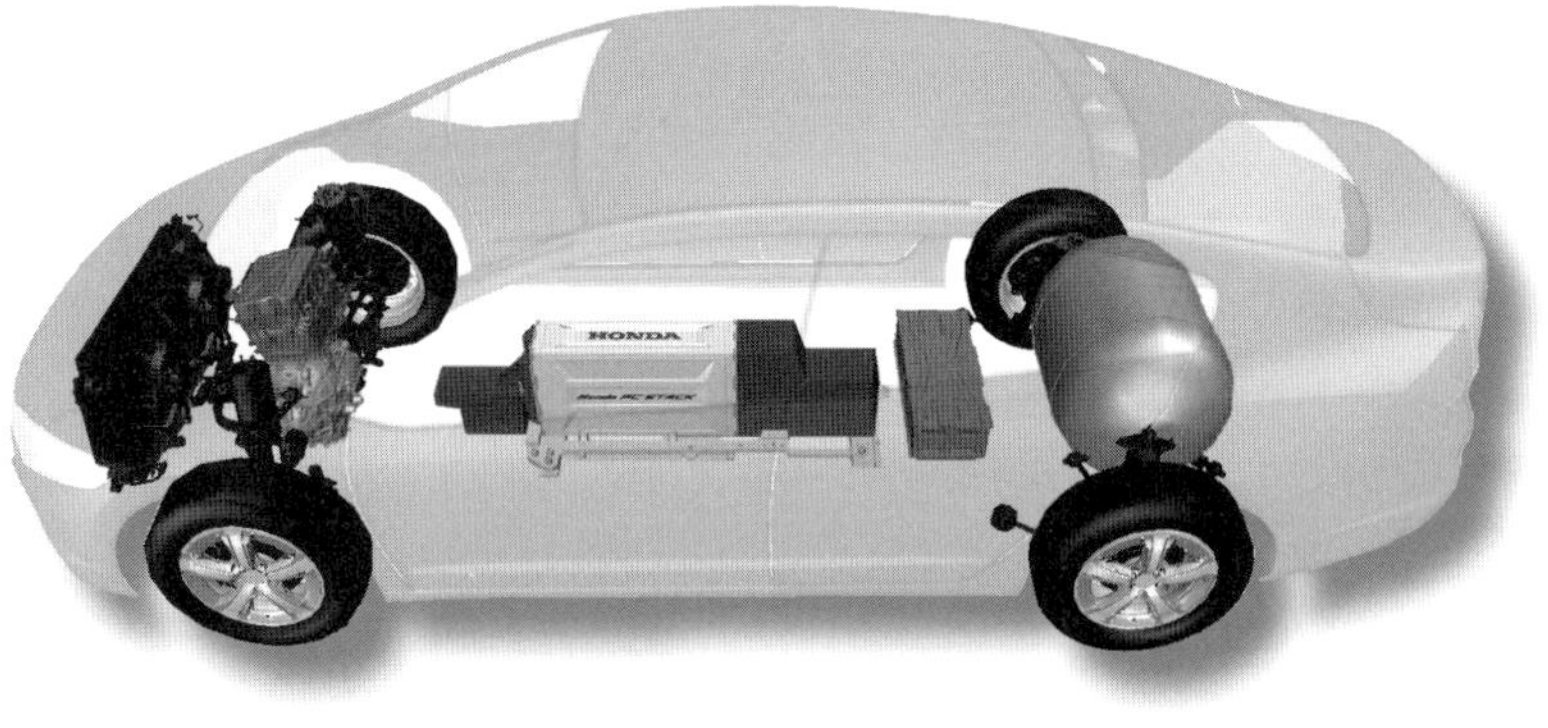

車体中央のセンターコンソールに配置されたＦＣＸクラリティの燃料電池スタック（左）。スタック内で水素や酸素を縦方向に流すことなどによって、小型化や発電効率の向上、低温での始動時間の短縮を実現した。

しかも、この燃料電池は、将来を見据えて、生産性やリサイクル性などを考慮した設計になっている。たとえば、従来は燃料電池セル内部のカーボンセパレーターをボルトなどで固定していたが、その作業工程は複雑だった。そこでホンダは金属プレスセパレーターにあらかじめシールを焼き付けておくことで、生産性を向上させながら気密性を保つことに成功している。

その性能を確かめるために、ホンダは２００４年正月の箱根駅伝でこのＦＣＸを走らせるとともに、同年2月には、極寒の北海道で走行テストを実施し、低温下での実力を示している。そして、2004年11月にはニューヨーク州政府にHonda FC STACKを積むFCXを販売。日本でも2005年1月、北海道庁にFCXを納車し、その行動範囲は一気に広がった。

■次のステージへ

Honda FC STACKを積むFCXが完成したことで、ホンダの燃料電池車開発は次のステージに進むことになる。2003年からFCXの開発責任者を任された藤本はこう語る。

「燃料電池車をつくるための材料が出揃いました。V3をつくっているころから、〝燃料電池車の走りはきっと面白くなる〟という手応えもありましたし、新しいパッケージにも挑戦したいと思っていました。新しいクルマをつくりたいね、という気持ちが開発チームのなかで高まっていたんです」

そんなスタッフの思いが、新しい燃料電池車を生み出す原動力になった。新開発の燃料電池にまったく新しいボディを持つ次世代の燃料電池車である。開発チームは既存のクルマを使って技術開発を進めながら、2005年の東京モーターショーにスタディモデルの

「ＦＣＸコンセプト」を展示した。これまでの2ボックススタイルから一新、伸びやかなセダンスタイルを手に入れたこのクルマはモックアップとはいえ来場者の評判は上々。ホンダの経営陣からも高い評価を得た。こうして、次の市販モデルの開発が本格的にスタートした。これが、２００７年11月のロサンジェルス・モーターショーに登場した「ＦＣＸクラリティ」として実を結ぶことになる。

新しい発想、新しいテクノロジーがつくりあげたＦＣＸクラリティ。その特徴を挙げればきりがないが、核となるのが、新設計の燃料電池「Ｖ Ｆｌｏｗ ＦＣ ＳＴＡＣＫ」というのは間違いない。Ｖ Ｆｌｏｗは〝バーチカル・ガス・フロー〟の意味で、それまでのホンダの燃料電池が水素や空気を横に流すセル構造を採用していたのに対して、新しい燃料電池ではこれらを縦に流す構造に改めている。これにより、発電の際に発生する水が重力によって排出しやすくなり、発電の安定性が向上した。さらに、水素や空気の流路を直線から波形に変えることで流路が長く取れるので小型化が可能。冷却性の向上にも寄与している。始動可能な気温もマイナス20℃からマイナス30℃とさらに広がり、低温での暖機時間の短縮も実現した。

当然、性能のアップも著しく、容積66リッター、重量96kgの従来型が86kWの出力だったのに対し、Ｖ Ｆｌｏｗ ＦＣ ＳＴＡＣＫは容積52リッター、重量67kgと軽量コンパクト

でありながら、出力は100kWに向上。容積あたりの出力で50%、重量あたりの出力では67%の向上である。

注目すべきは燃料電池を配置した場所だ。なんと、センタートンネル、つまり、運転席と助手席のあいだに収めてしまったのだ。もちろんこれは、軽量コンパクトなV Flow FC STACKだからこそできる技。このレイアウトが広々としたキャビンを損なうことはなく、一方、ホイールベース内に重量物を配置することで、ホンダ車らしい楽しい走りが実現できるというわけだ。

燃料電池以外のパワープラントも軽量コンパクト化を図り、たとえばモーターとギアボックスを同軸化したうえにパワードライブユニットを一体化することで、長さで162

㎜、高さで240㎜も小さくなった。低く短いノーズデザインが実現できたのも、そのおかげである。

回生エネルギーを一時的に蓄積する装置は、ウルトラキャパシタからリチウムイオン・バッテリーに変更。重量で40％、容積で50％のサイズダウンが図られている。高圧水素タンクを2本から1本に変更することで部品点数を削減し、容積効率は24％向上した。こういった努力が、これまでの燃料電池車と一線を画するFCXクラリティのデザインを生み出しているのだ。

もちろん、走行性能の向上も著しく、加速性能は3リッタークラスのガソリンエンジン・モデルに相当。10・15モード燃費は、2005年モデルのFCXが129㎞／kgH2であるのに対し、FCXクラリティは154㎞／kgH2をマーク。走行エネルギー効率は、他の燃料電池車の性能に比べ群を抜く62％を達成。航続距離は620㎞にまで拡大した。

■FCXクラリティが果たす役割

この魅力的な新型燃料電池車は、2008年7月に米国で、また同年11月には日本でもリース販売がスタート。2010年末の時点で、40台ほどのFCXクラリティが日米欧の各地で走行を重ねている。

実際、運転してみると、その高い完成度に感心する。月々84万円というリース価格(日本の場合)こそ、一般のユーザーには非現実的であるが、もしこれがもう少しこなれた金額なら、いますぐにでもほしいと思うほどだ。そう考えさせる理由のひとつに、オリジナルデザインのボディや新しいパッケージングがあるのは確かである。

「ガソリン車から燃料電池車に切り替えていくためには、何らかの動機づけが必要です。せっかくいいものをつくっても、世間の人々に選んでもらわなくては、普及しませんし、二酸化炭素削減の効果もない。世の中のモチベーションを高めるためには、〝あれがほしい〟と思わせる魅力が不可欠です。高い環境性能だけでなく、カッコいいエクステリアデザインや斬新なインテリアとしたのも、それを狙ったからです」

そういう意味では、FCXクラリティは狙いどおりの仕上がりを見せている。オリジナルボディを身に纏い、エネルギー効率60%以上を誇るFCXクラリティは、燃料電池車のトップランナーであり、イメージリーダーだ。

それだけに開発チームが負う責任は重い。

「開発の初期段階では、絶対にトラブルを出すわけにはいかないんです。何かあれば、その技術、そのクルマがこの世から消し去られてしまうわけですから。いかに信頼性を高めるか。とくに燃料電池車では水素を扱いますから、慎重に慎重を重ねる必要があります。衝突しても、水素を漏らすわけにはいきません。そのために、新しいリアサスペンションを開発したり、ここでは話せないような技術を投入しています。トップランナーの責任ですね」

そう語る藤本に量産化の目処をたずねると、「燃料電池のコストを下げ、燃料電池車の量産化に漕ぎ着けるには、もう1、2ステップ必要です。しかし、開発責任者としては一日でも早くモノにしたい。自分で開発したクルマなのに、ディーラーで買えないというのは悔しいですからね」。

燃料電池車が一部の企業だけでなく、一般の人々にとっても身近な存在になるのは2020年ごろだろう。もちろん、普及には水素スタンドといったインフラの整備が不可欠となる。

「自動車メーカーとエネルギー会社とあいだには、普及に対するモチベーションが一致しませんでした。私はインフラ普及を引っ張っていくような燃料電池車をつくりたいと思っています」

果たして、ホンダがどんな魅力を燃料電池車に映し出すか？　その創造性に期待したい。

PART 4

ホンダのR&D戦略

本田技術研究所 社長にインタビュー

HONDA
The Power of Dreams

「やってみもせんで!」は生きている

道田宣和

ホンダよお前もかと、近頃お嘆きの諸兄も多いことだろう。傍目にはさながらミニバンのオンパレードのごとくで、そもそもどちらかと言うと買い回り商品に近いこのジャンルではスペース効率至上主義に支えられたアメニティ勝負の感が否めず、クルマ本来の機能で他と圧倒的な差別化を図る(それこそがホンダだった)こと自体が望み薄というもの。市場にニーズがあり、食うためにはやむを得ないとはいえ、かつてエスロク/エスハチや初代シビックの登場に興奮し、NSXやS2000、タイプRで走りの極致を堪能したファンにはやはり一抹の寂しさが募るに違いない。

では、ホンダらしさがなくなってしまったのかと言えば、決してそうではない。いや、むしろ一連の取材を終えた今となってはこれまで以上に独自色を強め、先が見えない未来に向かってわれわれを導いてくれるのではないかとかなりの期待感を持って確信させるに至った。なかでも本稿、ホンダの技術的中枢を担う本田技術研究所・山本芳春社長へのインタビューではカリスマ創業者、本田宗一郎以来の積極果敢で不屈の企業精神が、姿形を変えながらも今なお脈々と受け継がれていると言葉の端々からはっきりと読み取ることができた。なによりオールドファンのひとりである筆者自身がホンダという会社の依然変わらぬ若々しさと健全さに大いに安堵させられたのだった。

■商品は図面、顧客はホンダモーター様のみ

熱心なファンをはじめホンダワールドの皆さんは先刻ご存知だろうが、本田技術研究所なる法人企業(歴とした株式会社である)は製造業を営む本田技研工業の100%出資子会社。英文表記ではそれぞれHonda R&D(Co., Ltd.)ならびにHonda Motor(同前)となる。R&Dは言うまでもなくリサーチ・アンド・ディヴェロップメントの略で、再び日本語に戻してみると、あら不思議、研究のほかに開発の意味が加わっていることに気付かされる。もっともこの場合、開発の言葉が果たして研究の延長線上を意味するのか、はたまた生産を前提としたものなのかが判然としないが、とにかくホンダブランドの名が付く限り、全製品の開発作業を独立した別組織の法人にすべて任せているのはメーカー多しといえどもホンダだけであることに間違いはない。設立は本体より遅れること12年の1960年で、今日までに51年が経過。そのせいか擁するスタッフは1万人を超えているというから驚きだ。なにしろグループ全体の連結従業員こそ今や世界で18万人前後を数えるまでになったが、〝ホンダモーター〟国内単体では約2万6000人に過ぎず、それに対してR

&D部門の比率はかくも高いのである(数字は2009年末現在)。

いきなり私見で恐縮だが、この辺がいかにもホンダだと思う。なぜならたとえ有名大学出の学士様であろうと、魂の技術者である宗一郎の前では単なる青二才に過ぎず、彼にどやされ、小突かれ、苦心惨憺の末に所期の目的を達成したというような過去の逸話には事欠かない。そんな社風の下では全員が技術者であり研究者たり得るわけで、そもそもその境界さえ判然としなかったり流動的だったりするのかもしれないと勝手に想像を膨らませるのである。ホンダではR&Dのことを単に「研究所」と呼ぶことが多いが、そこにある種の誇りと気安さがない交ぜになったような独得の響きを感じるのは筆者だけだろうか?

それはともかく、肝心なことを記しておく必要がある。株式会社である以上、何らかの売上が立たなければならないが、それはどこからどのようにしてもたらされるのか? 山本はホンダでは珍しく入社以来一歩もR&Dの外に出たことがないという経歴の持ち主で、「現場」の技術者として数ヵ所のセクションを勤め上げた後はマネージメントの経験も長く、今回のインタビュー相手にはうってつけの人物である。

「売上は本田技研工業から委嘱された研究開発費です。我々はその対価として四輪や二輪、汎用製品の図面とそれに伴う知財、ノウハウを提供します」山本の答えは明快だった。ちなみに、利益はどうなっているのか訊き忘れたが、株主が本田技研工業1社であり、それがあるにせよないにせよ結局は還元されるわけであり、いずれにせよあまり大きな問題とはならないだろう。しかし、当然次のような疑問も沸く。そうした具体的な製品群については了としても、R＆Dでは本書で採り上げたような基礎研究やもしかしたら陽の目を見ないまま終わってしまうかもしれない先端分野の研究も行なっているわけで、それらについては目に見える対価としての図面もなく、そもそも経済的な指標での評価には馴染まない。それにも山本は動じることなくこう答えた。

「製品に伴う知財やノウハウと同じです。つまり予算に対してかくかくしかじかの研究を実施し、かくかくしかじかの成果を得た。ついては次はこうしたいと報告し、了承なり裁定を受けるのです」

ただし、巷間伝えられるところによれば、実際には個々の事案がいくらいくらというよりもホンダの年間売上高の中から一定の比率（２０１０年度実績５・５％）をR＆Dのための経費として割り振っているのだそうだ。では、なぜ別会社にする意味があるのか？

「これは（先輩たちからの）請け売りと言うよりも私自身の考えなのですが、やはり研究者たちが技術そのものに専念できる態勢を整える。ひとえにそれしかありません」そう聞くとなんだか大学のような組織が思い浮かぶのだが、山本は断じてそうではないと言わんばかりに言葉を遮りつつ、「いやいや、やはり企業内研究所ですので最後は社会に出して役立つものを研究しています」と、きっぱり否定した。

■あくまでモビリティの会社です

ところで、ホンダが飛行機の分野に乗り出し、それればかりか稲や脳の研究まで手掛けるとなると、将来の業態としては何会社と呼ぶべきなのかと漠然たる不安に駆られても不思議ではない。まるで電機から始まって今や金融業まで手を広げている米国のGE社を彷彿とさせるような自由奔放さと言える。ホンダはいったいどこに行こうとしているのか?

「クルマはタイヤが四つあるのを言うのでしょうけれど、これからはそうした概念から少し外れたものも出て来るかもしれない。ただし、核になるのはどこまで行っても間違いなくモビリティです。ホンダは随分昔からモビリティのリーディングカンパニーになると言って来ました。そこのところに拘っています。現実に商品化されている太陽光発電やコージェネレーションにしても、あくまでモビリティが核にあってのエネルギー作りなのであって、その限りでは確かにそれ(異業種への展開)もある、とは言えます」

では、稲や脳の研究はどうなのだろう? あまりに懸け離れていて部外者には理解と想像を超えており、少なくともこれまでのホンダとは結びつきそうにもないのだが……。いかにも技術者らしくこの辺から山本の舌はより滑らかさが増していった。

「稲の研究というのは実はいろいろな側面があって、ひとつはもともと宗一郎自身が言ったとされていますけれども地球的な課題としての食料問題のほかに、ある意味エネルギー問題でもあるんですよ。と言うのは、稲作をする際の肥料、特に窒素はその生成時に大量のエネルギーを必要とします。ですから稲の収率を上げたり早く実らせたりすることができれば、それは即エネルギーの削減に寄与するのです。もうひとつは稲作技術の中核を成すのがコンピューターテクノロジーという事実です。だから取り組んだわけで、単に稲の交配をするというだけなら多分着手しなかったと思います。DNAを仔細に分析する技術、DNAを管理する技術、それらはコンピューターによる管理技術があって初めて可

能になるのです。それをさらにＤＮＡひとつひとつの特性を見極めてどのＤＮＡとＤＮＡを掛け合わせればどういう特性が生み出せるのか、そうした研究をこれまでやってきました」

なるほど。で、それが上手く行った暁には本業のモビリティと違うということで本田技研工業やＲ＆Ｄとも別会社にするのだろうか？

「ビジネスとしてまでは考えていません。確かに稲の場合は背が低くて倒れ難く収量の多い品種がもう出来ていますが、だからと言ってホンダが種苗会社を興したりはしません。ビジネスとしては小さすぎるし、また、そういう業界に我々が討って出るのが良いことなのかどうかについても考えてみなければいけません。それよりわれわれが培った技術をもっと上手く世の中で使っていただける道があると思っています。それは企業だからボランティアというわけには行かないけれど、通常の工業パテントと同じで一定のノウハウ料さえいただければどうぞお使いくださいということです。これも我が社が初めてではないかと思いますが、すでにそうして交配した新しい種を特許として登録してあります」

ビジネスとして考えていないのであれば、せめて本業のモビリティやエネルギーの分野で役に立ってほしいとは思うのが人情だろう。

「まあ、やってみて稲自体の難しさについてもビジネスとしての規模についてもわかったし、いっぽうではそれなりの実績も上がってそれによる社会への貢献もある。ということで、そろそろ次のステージに移ろうかなと思っています。具体的には稲藁から作るアルコール、今度はエネルギーへの直接的な関わりですね」

■ホンダイズム健在なり

社会事業でないというなら最後は自然と採算の話になる。稲にしても世の中のためになったり幾許かのパテント料は得られるかもしれないが、プロジェクト全体としては差し当たってそれに投じただけの研究開発費や人件費がペイするとも思えない。そこのところをホンダという会社はどう考えているのか?

「ま、その辺がヨソの会社とウチが違うところかなあと思います。取りあえず稲の話をしてきましたが、今回取材していただいた項目の多くも最初の頃はそれらがモノになるとは正直言って誰も思っていなかった。燃料電池にしてもそうです。最初に作ったそれは我々自身が動くプラントと揶揄していたくらいで、なんとか機器が載るには載ったものの代わりにクルマ全体が化学工場のような様相を呈し、とても実用化まで漕ぎ着けられるような代物ではなかったのです。ＥＶも似たようなものでしたね。本来ならそんなものってという感じで早々に葬り去られるようなものまでチャレンジしてきたわけです」

山本芳春(やまもと・よしはる)
1953(昭和28)年生まれ。1973(昭和48)年、本田技研工業株式会社に入社。2005(平成17)年、株式会社本田技術研究所・常務取締役、2010(平成22)年、株式会社 本田技術研究所 代表取締役 社長執行役員／本田技研工業株式会社 取締役 常務執行役員に就任。

「そういう意味ではまさに宗一郎と女房役の藤沢武夫が創業以来着々と築いて来てくれた企業土壌を物語る言葉、『99の失敗よりひとつの成功』という、アレですね。『やってみもせんで、何がわかるか！』というわけです。やはりそれがベースにあると思いますね。だからいろいろな可能性をトライしてみる。トライしてすべて成功しろと言うならむしろ事は簡単です。単純に成功確率を高めたいなら目標値を低くすればいいだけですから。これをモノづくりや研究開発の現場に当てはめると、すでに世の中にあるものを改良するだけなら恐らく成功確率は圧倒的に高まるはずです。でもまあ、それはわれわれがやるべきことなのかなあと思うわけです。ホンダがやってきたものはもっと違うものを作りたいということ。となるとトライ・アンド・エラーで失敗も多いわけですが、その中からきっと何か光るものが出て来るのではないかと思っています」

そうするとマネージメントに携わる者は自分たちにもわからないことをよほどの見識と決断力、嗅覚を持って臨まないと責任が果たせないわけだ。「基礎研(基礎技術研究センターの略)の場合は特にそうですね。私が理解できないようなものをやってくれないと困る」理解できないようなものに対してGOを出す出さないという、その際の判断は何を基準になされるのか?

「大きな括りで言うと、先程から申し上げていますが企業内研究所なので、単なる論文などは大学の研究室にお任せしたいと思っています。理論に基づき、それが世の中の役に立つハードウェアとして成立する見込みがありそうならチャレンジしてみる価値がありま す。エネルギー関連で例を挙げると1980年代の終わりから90年代にかけての一時期、常温核融合という言葉が盛んに流行りました。そもそも常温核融合なるものが存在するのかどうか、基礎研の設立はブームに先立つ1986年ですから当時われわれも種々検討してみました。実際やりたいという人間もいましたが、私は反対でした。なぜなら理論そのものがはっきりしていなかったからです。逆に理論がなくても現に存在するモノもあります。たとえば脳がそう。われわれは何も人間の脳を生物学的に作りたいわけではなくて、コンピューターの制御機能に応用したいだけなのです。ただし、脳の理論というのはまだわからない部分が多すぎる。生物学的には既に相当解明されていますが、では脳がなぜそう考えるのかといった思考のメカニズムについてはほんの入り口くらいしかわかっていません。でも、現実に脳がありが働いている。だから研究しましょうということなのです」

■一番でなければいけないんです

ホンダは昔から同業他社と比べていわゆる中途採用が多いことで知られている。そのこと自体が企業としての成長の早さと柔軟性を表しているが、新しいことに挑む時、必ずしも外から来たその道の専門家がプロジェクトをリードしていくわけではなく、要はもっぱらその人の能力によるのだという。

「私自身もそうでした。なにしろレシプロエンジンしか経験のなかった人間がいきなりガスタービン担当ですからね。知識も何もなくて。基礎研の設立当初はどのプロジェクトも寄せ集めですから全員一からの勉強でした。よその会社なら(経験のある)誰かが図面を描いてスタートするところを、われわれの場合は全部自分たちでやりました。ピトー管の製作からボルト1本の設計・検討に至るまで、小さくするにはどうしたらいいのか、ボルトはなぜふたつのものを締結するとモノが締められるのかというところまで遡って研究しました。効率が悪いとお思いでしょう。でも、極限までやろうとすればわれわれ自身が理解していないとできませんから。要は何を求めるかです」

それはもしかしたらホンダのことだから、一番になるということではないか?

「(当然のように)ええ、一番です。言い換えれば極限ですよね。ほかにないものをやれと言われた時に、そこまで立ち返らないことには多分できない。改良だったらいいですよ」

■ヒコーキに挑んだもうひとつの意義

ホンダが古くから空に対して並々ならぬ意欲を抱いていたのは自他ともに認める周知の事実。団塊の世代に属する筆者はその昔ホンダがセスナクラスのレシプロ単発機を広く一般からデザイン公募したことを覚えている。いわば長い長いランウェイを助走した挙げ句の念願成就だが、依然軸足の大半を陸に置いているホンダにとっては単なる夢の実現に留まらないだけの意義があると山本は強調した。

「ホンダジェットはですね、エンジニアの観点から冷静に言うと空力や軽量化などに関して最も進んでいるのが航空機の分野だったからチャレンジしたのです。そもそもなぜエンジンまで手掛けたのかと言えば、耐熱合金や超精密加工を極めるためでもありました。従来のクルマではそれほど高度な技術は必要とされなかったのですが、今後は格段の軽量化に向けて活用せざるを得ないシーンが必ず訪れると見ています。そうした時に知見があるとないでは大違いですし、それとは別に開発方法そのものについても航空機作りから学んだことは有益でした。なにしろクルマと違い、ヒコーキはプロトタイプだからと言ってトラブルで止まるわけにはいかないのです。ですから最初から最後まで徹底したシミュレーションの世界。パイロットはそのシミュレーションに基づいて専用のシミュレーターで練習し、しかる後に初めて実際のフライトに臨むくらいですから。これがどういうことに繋がるかと言うと、クルマの開発でも従来はまず研究所で試作した後、生産部門がもう一度作っていたものを、最初の段階から製造工程のノウハウまで入れ込んだ図面として仕上げるようになり、開発効率が一気に高まるのです」

■今後もキーとなるのはコンピューター

基礎研が25年前に想定したプログラムはそれぞれほぼ目的を達成した。ASIMOは研究開発が続行されているがすでにそれ自身が地平を拓いたひとつのジャンルとして立派に確立しているし、ホンダジェットは卒業して別組織となった。

「そこで次なるテーマは何かということを数年前から模索しているのですが、具体的にはハイインテリジェンスとハイエフィシェンシー、つまり高知能化と高効率化ですね。これらは設立当初から掲げられていたものですけれど、結局今の時代も変わらないんですよ。それをもう一度徹底しようと考えています。新たな課題としては研究態勢そのもののスピードアップにも挑みます。25年でよくぞここまで来たとお褒めの言葉をいただくこともありますが、当事者としてはもっと早く結論を出したい。そのためには時として外部との連携、いわゆるオープンイノベーションも必要になると考え、HRI(ホンダ・リサーチ・インスティテュート)を新設しました。基礎研よりさらに研究領域が広いのですが、何も基礎にこだわりません。場合によっては量産まで面倒を見てもいいし、なんならスピンアウトしたっていいじゃないかというくらいの心意気です。ただし、対象とする領域はポストメカニカルエンジニアリングだよと釘を刺しておきました。ガソリンやオイルを使ったメカニカルなものというのはやはり同じR&Dの中でも二四汎(二輪、四輪、汎用の各R&Dセンター)の方が当然ながら遥かに知見があるからです。しかし、そのいっぽうで一段の知能化やコンピューターテクノロジーの高度な進化が課題になった時には既存の技術では対応できないので新しい仕組みを作ったのです」

■ぜひ熱効率45％の達成を！

とまあ、ホンダも時代の流れにシンクロして、あるいはそれ以上の勢いで脱化石燃料の将来像に向けてまっしぐらかのように見える。しかし頭ではそれを充分に理解しつつも、内燃機関なるが故の妙なる鼓動に酔い痴れていたいというのが在来型エンスージアストの本音ではないだろうか？　最後にパーソナルモビリティとドライビングプレジャーの行く末について尋ねると、山本社長はこちらの思いを察してか仄かな夢を見させてくれた。

「クルマの本質はモビリティにあり、移動の自由は何としてでも確保したいところです。そのためにはクルマの存在自体が悪ではなく善だということを担保しておかなければなりません。エネルギーや安全の問題もしっかりとクリアしておく必要があるのです。ホンダはソーラーパネルやコージェネレーションを商品として揃えていますが、自宅でエネルギーを作り、そのエネルギーを自ら利用したり貯めたりするところまで演出したい。単にモビリティだけではなく、そうした総合的な新しい価値を創りたいと考えています」

「愛車という表現があるようにクルマにはメンタルな部分があると思います。操る歓びや所有する歓びは最後まであってほしいもの。でも、そのいっぽうで不幸があってはいけないのも事実です。安全の不幸、エネルギーの不幸。いわゆるネガの部分ですね。それは何としても避けたい。来るべきＥＶ（電気自動車）もＰＨＶ（プラグインハイブリッド）も

FC(燃料電池車)も全部そのためですが、ガソリンエンジンやディーゼルの内燃機関にもやるべきことは沢山残っています。たとえば熱効率の問題。通常で30%台にすぎないガソリンエンジンで言うならついこの前まで開発の目標値は40%くらいでした。けれども、最近ではもっと高いところを目指そうという話が社内で出ています。意気込みとしては50%と言いたいところですが、50という数字にはさすがに理論的にも若干疑問符が付くので、実際には45%くらいを目指し、それが実現できれば良いと思っています。実はその45という数字、火力発電所から送られた電力が一般家庭に届いた時点での数字である40数%を上回っているのです。それなら内燃機関にも充分存続理由があることになりますよね」と、まだまだ当分の間は愉しませてくれそうだった。

インタビューを終えて残ったのは近頃珍しい清涼感だった。創業から時間が経ち所帯もこれだけ大きくなったが、その身上であるチャレンジ精神は失われていないと思った。山本社長は自分が考えるホンダらしさとしてひと言、「どこよりも優れていること」を挙げ、かつて本体の業績不振から基礎研の存続が危ぶまれた時に当時のR&D川本社長から「お前らを食わせるくらい心配するな」と檄を飛ばされたことを胸に刻んでいる。まさしくそれこそがホンダの風土なのだと思う。

あとがき

小型飛行機から耕耘《うん》機までを範疇とするような、広範囲なパーソナル・モビリティ（移動体）企業としてのホンダの有り様は、他の自動車メーカーには見られぬものだ。自動車に限らず、ホンダのメーカーとしての強みを挙げるとすれば、企業全体に通じる、まさに彼らが掲げる言葉である「The Power Of Dreams」、夢を実現する力にあるのではないか。

本書の取材を進めるなか、日本は２０１１年3月11日に未曾有といえる東日本大震災に見舞われた。ホンダの研究開発の中枢を担う栃木研究所も被災し、一時的に機能を停止する状況に陥った。だが、わずか３ヵ月後の6月頃には、研究所の機能をほぼ震災前の状態まで復活させたことは、これもホンダの企業としての底力を見せたといえる。

本書の取材の中で、ホンダジェットを手がける藤野道格ＨＡＣＩ社長兼ＣＥＯに「ホンダらしさとは何ですか」と訊ねてみた。すると、こんな答えが返ってきた。

「これがホンダだというルールを決めていないことだと思います。飛行機を研究開発するというのも、普通の企業であれば完成できたかどうかわかりません。企業には本業に専念したほうがよいという暗黙の了解があるからです。ホンダの社風は自由闊達だと言われますが、凝り固まったルールが存在しません。あったとしても必ず許容範囲があり、受け入れるトレランス(寛容さ)がある。必ず例外的な許容幅があるのです」

本書で取材させていただいた諸氏が、ホンダという自身が勤める会社を「変わった会社」「素晴らしい会社」と心の底から口にする。そして、ホンダのエンジニアの性格を「自分の主張を曲げない」「負けず嫌い」と表現する。取材時に聞かれた苦労話の数々も、笑い話とまではいかずとも、困難さのみが強調されがちな一般的な例にあてはまらなかったのは、彼らが悪戦苦闘の経験以上に、仕事の上で達成感と喜びを得ているからに他ならない。

このように、ホンダのものづくりに対するこだわりの源は、それを支えるホンダの人々の心の強さにあるではないか。ホンダが創業当時から掲げる「世のため人のため、そして自分たちのためにできることはないか」という実直な思考とともにある、自社の製品あるいは技術開発への思いを「ホンダイズム」と呼ぶとすれば、それは企業と個人の思い入れが一体となったものだろう。

最後に、本田技術研究所の山本芳春社長をはじめ、取材に応じていただいた各開発スタッフの方々、東日本大震災を挟んで長期に亘り取材をとりまとめていただいたホンダの四輪広報グループ各担当者の方々に厚く御礼申し上げたい。

2011年9月　株式会社二玄社　編集部

著者紹介

瀬尾 央(せお ひろし)

1948(昭和23)年生まれ。慶應義塾大学法学部政治学科在学中からフリーの写真家として活躍。のちに航空関係の撮影が主になる。世界各国の空軍の多数の戦闘機、曲技飛行チームなどの同乗空撮を発表した航空雑誌連載記事を手がける。1987(昭和62)年に株式会社エアロスポーツ・プロモーションズを設立。取締役としてグライダーをはじめとするスポーツ航空機輸入販売や航空社会教育、ジェネラル・アビエーションに関する政府・地方自治体の調査研究に従事。1995(平成7)年、滑空誌『TURN POINT』を創刊、編集・発行人。1996(平成8)年に有限会社エアワークスを設立。

道田宣和(みちだ のりかず)

1947年(昭和22)年生まれ。株式会社二玄社にて『カーグラフィック』編集部、別冊単行本編集室に在籍後、2010(平成22)年フリーランスに。現在に至る。

生方 聡(うぶかた さとし)

1964年(昭和39)年生まれ。慶應義塾大学理工学部電気工学科卒。外資系コンピューター企業を経て、1992(平成4)年株式会社二玄社入社、『カーグラフィック』編集部に在籍。1997(平成9)年退社、フリーランスのライターとなる。現在、有限会社モータリング社長。

参考文献
『大人のためのロボット学』ＰＨＰ研究所・編／刊　2006年）
『脳の情報を読み解く　ＢＭＩが開く未来』川人光男 著　朝日新聞出版刊　2010年）

HONDA《ほんだ》 明日《あす》への挑戦《ちょうせん》

2011年9月10日　初版発行

著　者　瀬尾《せお》 央《ひろし》／道田《みちだ》 宣和《のりかず》／生方《うぶかた》 聡《さとし》
発行者　渡邊隆男
発行所　株式会社 二玄社
東京都文京区本駒込6-2-1　〒113-0021
Tel.03-5395-0511

装　丁　安井朋美
印　刷　図書印刷 株式会社
Printed in Japan

ISBN 978-4-544-40054-0